"十二五"国家重点图书

Springer 精选翻译图书

模式识别：算法及实现方法

Pattern Recognition: An Algorithmic Approach

[印] M. Narasimha Murty

V. Susheela Devi　　著

王振永　译

哈尔滨工业大学出版社
HARBIN INSTITUTE OF TECHNOLOGY PRESS

内容简介

本书主要介绍模式识别的基本概念与算法,全书分为 11 章,内容包括:模式识别概述、模式的表示、最近邻分类器、贝叶斯分类器、隐式马尔可夫模型、决策树、支持向量机、组合分类器、聚类方法等。希望本书有助于读者更好地理解模式识别技术以及该技术对各个领域的重要作用。本书包含了大量的工作实例,安排了适量的练习,提供了丰富的延伸阅读材料。希望每一位读者都能从中受益。

本书适用于电子信息、计算机、自动控制等专业的本科生和研究生及本领域的研究者。

黑版贸审字 08－2017－059

Translation from English language edition:
Pattern Recognition: An Algorithmic Approach
by M. Narasimha Murty and V. Susheela Devi
Copyright © Universities Press(India)Private Limited 2011

图书在版编目(CIP)数据

模式识别:算法及实现方法/(印)纳拉辛哈·穆尔蒂(M. Narasimha Murty),(印)苏席拉·提毗(V. Susheela Devi)著;王振永译.
—哈尔滨:哈尔滨工业大学出版社,2017.10
ISBN 978－7－5603－6327－1

Ⅰ.①模… Ⅱ.①纳… ②苏… ③王… Ⅲ.①模式识别
Ⅳ.①TP391.4

中国版本图书馆 CIP 数据核字(2016)第 285023 号

**电子与通信工程
图书工作室**

责任编辑	李长波	
封面设计	高永利	
出版发行	哈尔滨工业大学出版社	
社　　址	哈尔滨市南岗区复华四道街 10 号　　邮编 150006	
传　　真	0451－86414749	
网　　址	http://hitpress.hit.edu.cn	
印　　刷	哈尔滨市经典印业有限公司	
开　　本	660mm×980mm　1/16　印张 16　字数 290 千字	
版　　次	2017 年 10 月第 1 版　2017 年 10 月第 1 次印刷	
书　　号	ISBN 978－7－5603－6327－1	
定　　价	40.00 元	

译 者 序

模式识别作为一种依据事物所抽象出的统计信息的数据分类方法,是信息科学和人工智能的重要组成部分。模式识别在生物信息学、心理分析、生物识别技术和许多其他应用中有重要作用。但是目前国内相关的经典书籍并不多。为了方便广大学者在这一领域进行更广泛和深入的研究,译者在查阅了相关英文原版书籍后,决定将印度学者 M. Narasimha Murty 和 V. Susheela Devi 的著作《模式识别》(Pattern Recognition :An Algorithmic Approach)引入我国。

本书不仅包含模式识别的基本概念和基础知识,同时包含大量的实例。这使得本书既适合于相关学科的本科生、研究生学习,适合作为相关专业的教材进行课堂讲授,各章末的延伸阅读材料和参考文献又适合于本领域的研究者阅读。

本书的翻译工作由哈尔滨工业大学电子与信息工程学院王振永老师及其研究团队共同完成。其中王振永翻译了全书,并负责全书的统稿、修改与校对工作,对内容进行了反复修改和推敲,以提高本书的可读性,并对原书中存在的某些疏漏进行了修订。本书的出版要感谢崔晨、田园、王洪云和袁泉这四位学生,他们在专业术语翻译、公式符号的计算机录入以及校对等方面付出了大量的时间和精力。感谢顾学迈教授和郭庆教授对本译著部分内容提出的建设性意见,感谢李德志博士对本书第 5 章提出的修改意见和唐弢博士对本书第 8 章给予的帮助。

本书的翻译是在国家自然科学基金(No. 61601147,No. 61571316)支持下完成的,特此感谢;还要感谢哈尔滨工业大学提供的各种设施,保证了本书翻译所需的各种资源。

最后,由于许多专业术语还没有统一的中文译法,因此本书的术语除了借鉴于李晶皎等翻译的《模式识别》(第四版)和李宏东等翻译的《模式分类》(原书第二版)外,其余未有标准中文译法的专业术语我们依据其物理

1

含义及中文习惯给出了可以接受的中文术语。在本书的最后还给出了中英文术语的对照表,便于读者进行专业术语查找和比对。

由于译者水平有限,翻译中难免存在疏漏和不当之处,敬请读者批评指正。

本书为尊重原著,所有向量、矢量、矩阵等量均未用黑斜体表示。

译 者
2017 年 1 月于哈尔滨

前　言

　　作者写这本书的主要目的是为了使本学科的本科生和研究生对模式识别有更清晰的概念。本书不考虑数据的预处理，而是假设模式是用经过恰当预处理技术的数字向量表示的，描述利用数字数据进行重要决策（如分类）的算法。本书有大量的工作实例，并在每章结束时安排了练习。

　　本书也适用于本领域的研究人员。想对本学科知识有更深入了解的读者可以参阅延伸阅读材料和各章末尾的参考文献。

　　模式识别在很多领域都有应用，包括地质学、地理学、天文学和心理学。更具体地说，它对生物信息学、心理分析、生物识别技术和许多其他应用有重要作用。作者相信，本书对所有需要应用模式识别技术来解决问题的研究人员都有帮助。

　　感谢 Vikas Garg，Abhay Yadav，Sathish Reddy，Deepak Kumar，Naga Malleswara Rao，Saikrishna，Sharath Chandra 和 Kalyan 同学对本书的部分内容提出了阅读意见。

M. Narasimha Murty

V. Susheela Devi

目　　录

1

第1章 导 论

学习目标:

通过本章的学习,需要掌握:

① 能够定义模式识别。

② 理解模式识别在不同应用中的重要性。

③ 能够解释模式识别问题的两种主要模式。

    i. 统计模式识别。

    ii. 结构模式识别。

模式识别可以定义为一种基于已知知识或者依据模式表述所抽象出的统计信息进行数据分类的方法。

模式识别有很多重要的应用,例如多媒体文档识别(MDR)和自动医学诊断。在进行 MDR 时,必须处理文本、音频和视频数据的集合。文本数据可以由对应一个或多个自然语言的字母和数字组成。音频数据可能是语音或音乐。视频数据可能是一个单一的图像或者图像序列,例如,一个罪犯的照片、指纹以及签名可以作为一个图像出现。同样,也可以使用一系列的图片来记录一个人在机场移动的画面,这样就形成了一个视频。

在一个典型的模式识别应用程序中,需要对原始数据进行处理,将其转换成一种可被机器使用的形式。例如,可以将各种形式的多媒体数据转换成一个由一些特征值组成的向量。在文本中,模式的表示可以是关键词出现的概率。音频数据可以表示为线性预测编码(LPC)的系数。而视频数据则可以转换到变换域来表示,比如小波变换和傅里叶变换。信号处理可以将原始数据转换为矢量数据(这是预处理的部分内容)。本书不会讨论数据的预处理过程。

相反,假设模式是用经过恰当预处理技术的数字向量表示的,本书描述利用数字数据进行重要决策(如分类)的算法,也就是说,将讨论模式识别的算法。模式识别涉及模式的分类和聚类。在模式分类中,使用一组训练模式或领域知识为模式分配类标签。聚类可以将数据分区,这有助于我们制定决策,我们感兴趣的决策制定是数据分类。例如,基于个人的数据,脸、指纹以及声音,可以判断他是否是一个通缉犯。在这个过程中,不需要处理数据中所有的细节。

　　对数据的总结或恰当抽象是很有意义的。适当的抽象化数据对人类和机器是有利的。对人类来说,这有助于理解问题,而对于机器来说,它减少了时间和空间上的计算负担。将例子抽象化是机器学习的一个著名范例。具体来说,机器学习有两种重要方式——通过示例和监督学习以及通过观察和聚类学习。在人工智能中,领域知识可以帮助丰富机器的学习活动。这种情况下,基于规则系统的抽象形式被广泛使用。此外,当数据量很大时,数据挖掘工具很有用。所以,模式识别可以很自然地与机器学习、人工智能和数据挖掘相关联。

1.1　什么是模式识别?

　　在模式识别中,为模式指定标签。在图 1.1 中,分别有属于类 X 和类 O 的模式。模式 P 是一个新的样本,它需要被分到类 X 或者类 O 中。在一个将人类划分为“高”“中等”“矮”三类的系统中,通过示例学习,系统学习到了把一个指定的人分到这些类中的方法。这里的类标签是具有语义的,它们传达一些意义。在聚类的情况下,将一组未标记模式放在一起。这时,分配给每组的标签是结构式的,或者仅仅表示这个集群的身份。

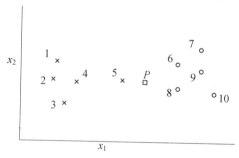

图 1.1　模式的例子

　　有时,可以使用分类规则而不进行任何抽象,这时相邻/相似性(或距离)的概念可以用来进行模式分类。这种相似性函数的计算基于模式的表示方式。一个模式用一个由特征值组成的向量来表示,用来表示模式的特征非常重要。例如,在表 1.1 中的数据中,人被分为“高”和“矮”两类,此时分类所使用的特征为“体重”。

　　对于一个体重为 46 kg 的人,那么他/她可能会被分类为“矮”,因为 46

更接近50。然而,这样的分类结果并不合理,因为,一个人的体重和类标签"高"和"矮"并不相关,而使用特征"身高"会更合适。在第2章中将讨论模式和类的表示方式。

表 1.1　使用特征"体重",将人分为高和矮两类

体重/kg	类标签
40	高
50	矮
60	高
70	矮

模式识别的重要方面之一就是其应用前景,在农业、教育、安全、交通、金融、医学和娱乐等领域中有广泛应用,具体包括生物识别技术、生物信息学、多媒体数据分析、文档识别、故障诊断以及专家系统等。分类是人类的一种基本的思维模式,所以模式识别可以应用在任何领域。一些使用频率最高的应用包括字符识别、语音/说话人识别和图像中的对象识别。如果读者对这些应用感兴趣,可以在 *Pattern Recognition* (*www.elsevier.com/locate/pr*) 或 *IEEE Transactions on Pattern Analysis and Machine Intelligence* (*www.computer.org/tpami*) 中的文献中进一步了解。

1.2　模式识别的数据集合

在互联网上有大量的数据集可供使用。一个受欢迎的网站是 UC Irvine的机器学习库(*www.ics.uci.edu/MLRepository.html*),它包含许多不同大小的数据集,可以用于各种分类算法。其中很多甚至给出了一些分类方法的分类精度,可以作为研究的基准。用于数据挖掘的大型数据集可在网站 *kdd.ics.uci.edu* 和 *www.kdnuggets.com/datasets/* 中找到。

1.3　模式识别的理论框架

有多种理论框架能解决模式识别问题,其中最主要的两种为:
(1)统计模式识别。
(2)结构模式识别。
在这两种方式中,统计模式识别使用更为广泛,在文献中大量出现。

其主要原因是在这一领域大多数实际问题需要处理有噪声数据和不确定性,统计和概率是处理此类问题的有效工具。另一方面,形式语言理论为结构模式识别提供了有利条件,然而这样的语言工具不适合处理噪声环境中的数据。这使得本书的重点在于统计分类和聚类。

在统计模式识别中,使用向量空间表示模式和类。数据抽象通常用来处理多维空间中点的概率分布。使用向量空间来表示模式,就需要讨论子空间以及点的相似度。与这一概念相关的有几个计算工具,例如,神经网络、模糊集和粗糙集的模式识别方案都使用矢量表示点和类。

最常用并且最简单的分类器是基于最近邻规则的。这里一个新的模式是根据它最近邻的类标签进行分类的,这类分类中没有训练过程。在第 3 章中将详细论述最近邻分类。存在不确定性时要注意分类器的理论边界。贝叶斯分类器是针对最小错误率的最优分类器。在第 4 章中会讨论贝叶斯分类器。隐式马尔可夫模型(HMM)在语音识别等领域被广泛应用,在第 5 章中将会讨论 HMM。决策树是一个透明的数据结构,可以处理数值与类别特征。在第 6 章中将讨论决策树分类器。

神经网络模型是用来模拟人类大脑的学习过程的。有一种神经网络感知器,是用于查找高维空间中的线性决策边界的。支持向量机(SVMs)就是基于这一观点建立的。在第 7 章中,将探讨神经网络以及支持向量机的作用。使用多个分类器来得到一个新模式的类标签也是可行的,这样的组合分类器将在第 8 章中讨论。

通常,可能有可以直接用于分类的大量的训练数据集合。这时,可以通过聚类来生成抽象数据,并将这些抽象数据用于分类。例如,对应不同类的模式可以被聚类并形成一个子类。每一个这样的子类(集群)可以用一个典型的模式来表示。这些典型模式可以代替整个数据集用来构建分类器。在第 9 章中,将讨论一些常用的聚类算法。

问 题 讨 论

模式识别是用来处理模式分类和聚类的,其可以应用在许多领域中。模式识别可以是统计型或结构型的,统计模式识别应用更广泛,因为它可以更好地在噪声环境下工作。

延伸阅读材料

Duda 等(2000)撰写了一本非常棒的关于模式识别的书。Tan 等 (2007)的 *Introduction to Data Mining* 是一本很好的资料。Russell 和 Norvig (2003)撰写了一本关于人工智能的书,其中将学习和模式识别技术作为人工智能的一个组成部分进行讨论。Bishop (2003)讨论了在模式识别中神经网络的使用。

习 题

1.考虑一个识别数字 0 到 9 的任务。使用一组由计算机生成的数据。对于这个问题,可以使用哪些特性? 这些特征是有语义的还是结构性的? 如果它们全都是结构性的,能否想出另一些特征使得它们中的一部分是结构性的,而另一部分是具有语义的?

2.举出一个不需要对训练数据进行抽象的分类方法。

3.指出以下数据中哪些可以直接使用分类规则,哪些需要进行数据抽象?

①基于最近邻的分类器。

②决策树分类器。

③贝叶斯分类器。

④支持向量机。

4.指出以下各项是否为统计模式识别或结构模式识别?

①模式为一组由特征值组成的向量,使用基于最近邻的分类器进行分类。

②模式本身很复杂,这些模式由简单的子模式组成,而这些子模式本身由更加简单的子模式组成。

③使用支持向量机进行分类。

④模式可以被看作某种语言的一个句子。

本章参考文献

[1] C. M. Bishop. *Neural Networks for Pattern Recognition*. New Delhi：Oxford University Press. 2003.

[2] R. O. Duda, P. E. Hart, D. G. Stork. *Pattern Classification*. JohnWiley and Sons. 2000.

[3] S. Russell, P. Norvig. *Artificial Intelligence : A Modern Approach*. Pearson India. 2003.

[4] P. N. Tan, M. Steinbach, V. Kumar. *Introduction to Data Mining*. Pearson India. 2007.

第 2 章　模式集合的表征

学习目标：

阅读本章之后，你将会：

(1) 了解到模式可以表示为

　　—字符串。

　　—逻辑类型。

　　—模糊集和粗糙集。

　　—树和图。

(2) 学会利用近似方法对模式进行分类，诸如：

　　—距离测量。

　　—非度量方法，包括：

　　① 中位数距离。

　　② 豪斯多夫（Hausdorff）距离。

　　③ 编辑距离。

　　④ 互近邻距离。

　　⑤ 概念内聚性。

　　⑥ 核函数。

(3) 了解如何对数据进行抽象。

(4) 发现特征提取的意义。

(5) 了解特征选择的优点以及特征选择的不同方法。

(6) 了解分类器评估所涉及的参数。

(7) 理解完成聚类的评估需求。

　　模式是一个物理对象或抽象概念。如果讨论动物种类，那么对一种动物的描述就是一个模式。如果讨论不同类型的球，那么对一种球的描述（可能包括球的尺寸和材质）就是一个模式。这些模式由一系列描述所表征。根据分类问题的不同，使用不同的模式特征。这些特征被称作属性。模式是根据从属性中获取的数值对对象进行表征。在分类问题中，有一系列属性值已知的对象。有一系列的类型，每个对象属于其中一类。以动物这一模式为例，分类可以是哺乳动物、爬行动物等。在球类这一模式中，分类为足球、板球、乒乓球等。给定一个新模式，就需要去确定模式的分类。

属性的选取和模式的表征是模式分类过程中非常重要的一步。一个好的模式表征要采用有辨识度的属性并同时降低模式分类过程中的运算负担。

2.1　模式集合表征的数据结构

2.1.1　矢量的模式集合表征

矢量是一种显而易见的模式表征。矢量中的每个元素可以代表模式的一个属性。矢量的第一个元素可以包含模式第一个属性的值。例如描述球体，(30,1)可以表示一个有 30 单位质量和 1 单位直径的球体。分类标签可以构成矢量的一部分。如果球体属于类别 1，则矢量为(30,1,1)。第一个元素代表对象的质量，第二个元素代表直径，第三个元素代表类别。

【例 2.1】　采用矢量描述一系列模式，例如，可以表示为

$$1.0,1.0,1;\quad 1.0,2.0,1$$
$$2.0,1.0,1;\quad 2.0,2.0,1$$
$$4.0,1.0,2;\quad 5.0,1.0,2$$
$$4.0,2.0,2;\quad 5.0,2.0,2$$
$$1.0,4.0,2;\quad 1.0,5.0,2$$
$$2.0,4.0,2;\quad 2.0,5.0,2$$
$$4.0,4.0,1;\quad 5.0,5.0,1$$
$$4.0,5.0,1;\quad 5.0,4.0,1$$

第一个元素表示第一个特征，第二个元素表示第二个特征，第三个元素给出模式的类别，如图 2.1 所示。其中类别 1 模式用符号＋表示，类别 2 模式用 X 表示，正方形代表一个测试模式。

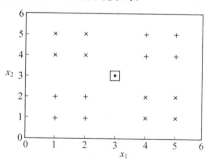

图 2.1　样例数据集

2.1.2 字符串的模式集合表征

字符串可以看作某种语言中的句子,例如一个 DNA 序列或蛋白质序列。

举例说明,某遗传因子可以被定义为分别由 A、G、C 和 T 表示的腺嘌呤、鸟嘌呤、胞嘧啶和胸腺嘧啶四种含氮基构成的染色体 DNA 的一片区域。基因数据被排列在一个序列中,例如:

GAAGTCCAG…

2.1.3 模式集合的逻辑表述方法

模式可以表述为如下形式的逻辑描述:

$$(x_1 = a_1..a_2) \wedge (x_2 = b_1..b_2) \wedge \cdots$$

其中 x_1 和 x_2 为模式的特征,a_i 和 b_i 表示从特征中提取的值。这种描述实际上包含了逻辑析取的连接。举个例子

(颜色=红 $\vee$ 白) $\wedge$ (质地=皮革) $\wedge$ (形状=球体)

可以用来表示板球。

2.1.4 模式的模糊集合及粗糙集合

模糊可以用在无法精确表述的情况下,因此可以用来对主观的、不完备的以及不精确的数据进行建模。在一个模糊集合中,对象从属于成员值从 0 至 1 变化的集合。

模糊集是对明晰集的形式上的近似,给出原始集的下近似和上近似的集合。

下近似和上近似集本身是明晰集。因此,集合 X 可以表示为一个由上近似和下近似构成的多元组 $\langle \underline{X}, \overline{X} \rangle$。$X$ 的下近似集是那些确定能够被分类为集合 X 中的对象的集合;X 的上近似集是那些可能被分类为集合 X 中的对象的集合。

模糊模式的特征可以是一个语言值、模糊数、区间数和实数的混合。每个模式 X 可以是一个包含语言值、模糊数、区间数和实数的矢量。举个例子,我们都有语言知识,例如"如果 X_1 小,X_2 大,那么为该模式类别 3",这将会得到含有类别 3 标签模式(小,大)。模糊模式也可以用在不确定或丢失值的情况下。例如,模式为 $X = (?, 6, 2, 7)$。丢失的值可以用一个包含可能数值的区间来表示。如果上例中丢失的数值在区间 $[0, 1]$ 内,那么

模式表示为没有丢失数值的形式：$X = ([0,1], 6, 2, 7)$。

特征的数值可以是粗糙值，这样的特征矢量被称为粗糙模式。一个粗糙值包含一个上下界。粗糙值可以有效地描述特征值的区间。例如能量可以表示为 $(230, 5.2, (50, \overline{49, 51}))$，三个特征分别表示电压、电流和频率（由上界和下界表示）。

在某些情况下，硬分类标签不能准确反映出可获取信息的本质。可能模式类别不明确定义，因此最好表示为模式的模糊集合。每个训练矢量 x_i 被赋予一个模糊标签 $u_i \in [0,1]^c$，标签的组成单元是每一类模式的成员等级。

某一模式属于哪个类别是一个模糊的概念，例如，类别可以是矮、中等、高。

2.1.5　基于树和图的模式表征

树和图是用来表示模式和模式类别的常见数据结构。树或图中的每一个节点可以表示一个或多个模式。例如，最小生成树、德劳奈树、R 树和 $k-d$ 树等。R 树用一个树结构来表示模式，这个树结构将空间划分为多级嵌套和可能部分交叠的最小覆盖矩形和包围盒。R 树的每个节点有许多入口。一个非叶子节点存储着识别节点以及它的派生节点的所有索引的包围矩形。对 R 树有一些重要操作，适当的更新操作（插入、删除）用来反映必要的变化，搜索操作用来确定给定模式最近邻的确定位置。插入和删除算法用来自节点的包围矩形来确保邻近的单元被放置在相同的叶子节点。搜索需要使用包围矩形来决定是否在一个节点内部进行搜索。在这种方式下，树中的大部分节点不必搜索。模式集合可以被表述为一个图或者树，树中的一个路径表示集合中的一个模式。整个模式集合可以被表述为单独的一棵树，频繁模式树便是其中一例。

（1）最小生成树。

每个模式可以表示为空间的一个点。这些点连起来形成一个树，称为最小生成树（MST）。一个包含了图中所有节点的树称为生成树。如果 $d(X, Y)$ 代表节点 X 和 Y 之间的距离或差异，则最小生成树是生成树中关联（树的边）的距离和最小的部分。图 2.2 给出了一个最小生成树的例子。

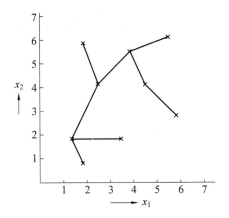

图 2.2 一个最小生成树的例子

最小生成树可以用来聚类数据点,这可以用下面的例子来说明。

【例 2.2】 图 2.3 中有 8 个模式。图 2.4 给出了 8 个模式的最小生成树。

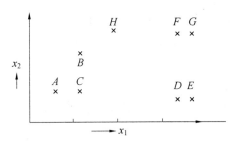

图 2.3 模式在特征空间中表示

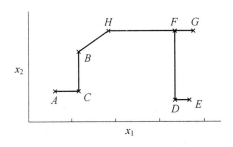

图 2.4 图 2.3 的最小生成树

最小生成树可以用在聚类应用中。删去最小生成树中距离最大的链接以获得聚类。在图 2.4 中,如果最长连接 FD 被删去,会形成两个聚类。第一个聚类中含有点 A、B、C、H、F 和 G;第二个聚类中含有点 D 和点 E。

11

在第一个聚类中如果最长连接 HF 被删去,则会形成 3 个聚类。第一个聚类中有点 A、B、C 和 H;第二个聚类中有点 F 和 G;第三个聚类中有点 D 和 E。

(2)频繁模式树。

这种数据结构主要用在事务数据库中。频繁模式树由数据库中的事务产生,是一个能有效搜索事务数据库中项目之间关联的压缩树结构。这意味着事务中一些项的存在可能意味着其他一些项也存在于同一个事务中。用于高效率挖掘大数据库中的频繁项的频繁模式生长算法使用这种数据结构。

构建这种树的第一步是要确定数据库中每一项的频繁度并按照从最高频次到最低频次对它们进行排序。然后数据库的每一个索引是有序的,其顺序与刚刚由最大到最小计算出的频次相对应。首先构建频繁模式树的根,并计为空。执行第一个事务并按序列构建频繁模式树的第一个分支。接下来依据已排好的顺序加入第二项事务。由这项事务以及之前事务共享的共同前缀将跟随已存在的路径,仅数值增加 1。对于剩余部分的事务,创建新的节点,对整个数据库持续进行如下步骤。由此可见频繁模式树是含有原始数据库频繁项信息的压缩树。

【例 2.3】 考虑一个 4×4 的方阵,每一个方格是代表一个数字的像素。方格由如图 2.5 所示的字母表赋值。例如,数字 4 可以由图 2.6 所示的 4×4 方阵来代表,由 a、e、g、i、j、k、l、o 来表示。数字 0、1、7、9 和 4 的表示见表 2.1。

a	b	c	d
e	f	g	h
i	j	k	l
m	n	o	p

图 2.5 由方阵表示一个数字的像素

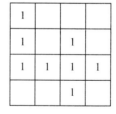

图 2.6 由方阵表示数字 4 的像素

浏览表 2.1 中的事务数据库可以得到每一项的频次,从大到小排列为:$(l:5)$,$(a:4)$,$(d:4)$,$(p:4)$,$(h:3)$,$(i:3)$,$(c:3)$,$(e:3)$。在此只列举那些频次大于或等于 3 的项。

表 2.1　一个事务数据库

数字	事务
0	a、d、e、h、i、l、m、p、b、c、n、o
1	d、h、l、p
7	a、b、c、d、h、l、p
9	a、b、c、d、i、j、k、l、p、e、h
4	a、e、g、i、j、k、l、o

表 2.2 给出了按项的频次排序的事务数据库。频次低于临界值的项被去除。在此例中，频次在 2 和 2 以下的项被去掉。因此，e、m、b、c、j、k、g、f、n 和 o 被移除。保留下来的项是 l、a、d、p、h 和 i。利用表 2.2 所示的数据库可以建立频繁模式树，如图 2.7 所示。

表 2.2　按照项的频次排序的数据库

标号	事务
0	l、a、d、p、h、i、c、e
1	l、d、p、h
7	l、a、d、p、h
9	l、a、d、p、i、e
4	l、a、i

根节点指向事务的启动项。这里由于所有事务起始于 l，根节点便指向 l。对于第一个事务，连接由根节点指向 l，从 l 到 a，从 a 到 d，从 d 到 p，从 p 到 h，从 h 到 j。l 的数量存储在每一项中。接下来处理第二项事务。从根节点移到已经存在的节点 l，它的数量增加 1。因为节点 d 不是节点 l 的下一个节点，另一个连接从 l 到 d 建立，然后从 d 到 p 接着从 p 到 h。l 的计数为 2，d、p 和 h 的计数为 1。下一个事务从根节点到 l，从 l 到 a 然后到 d 到 p 到 h，沿着一条已存在的路径。沿着这条路径的项的计数以 1 递增。因此 l 的计数为 3，a、d、p 和 h 的计数变为 2。以数字 9 事务为例，有一条路径从根节点到 l，经过 a 和 d 到 p。一条新的路径从节点 p 到节点 i。现在 l 的计数为 4，a、d 和 p 的计数为 3，i 的计数为 1。对于最后一个事务，路径从根节点到已经存在的 l 和 a，l 的数量为 5，a 的计数为 4。然后一个新连接由 a 到 i，然后将 l 的数量给 i。如图 2.7 所示，i 的首节点指向所有项 i 的节点。类似地，d、p 和 h 的首节点指向所有带这些项的节点。

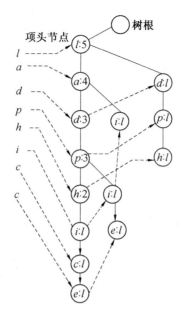

图 2.7　表 2.2 中事务数据库的频繁模式树

2.2　模式聚类的表征

聚类是指将含有相似特征的模式组在一起并将不同特征的对象放在不同的组的过程。这里有两个数据结构,一个是模式的划分 P,另一个是一系列簇的代表 C。

在将重心作为一组模式的表征的问题中,P 和 C 相互依赖关联。因此,如果给出它们中的一个,便可以计算出另一个。如果集群的重心已知,可以通过将模式分配给重心与之最近的集群从而对任何模式实现最佳分类。类似地,如果划分方式已经确定,则可以计算重心。存在 N 个模式的情况下,如果 P 已给出,则 C 可以通过 $O(N)$ 的时间计算出来。存在 M 个重心的情况下,如果 C 已给出,那么可以通过 $O(MN)$ 的时间生成 P。

因此,集群可以由 P 或 C 来描述(在重心可以作为一组模式的代表的情况下),或者同时通过 P 和 C 来描述。

2.3　相似度度量方法

为了对模式进行分类,模式之间需要相互比较并与某个标准比较。当一个新模式出现并有必要对其进行分类时,应当找出这个模式与训练集合中的模式之间的邻近度。即使在无监督学习的情况下,也应当在数据中找出相应的组以便把相似的模式放到一起。例如,在最近邻分类器的例子中,应该找出最靠近训练模式的测试模式。

2.3.1 基于距离的度量方法

距离测量用来找出模式描述之间的不同之处。更为相似的模式距离应当更近。距离函数可以是量化的也可以是非量化的。一个量化的方法具有如下性质:

(1)正自反性 $d(x,x)=0$;

(2)对称性 $d(x,y)=d(y,x)$;

(3)三角不等式 $d(x,y) \leqslant d(x,z)+d(z,y)$。

常用的距离计量称为闵科夫斯基计量,形式如下:

$$d^m(X,Y)=(\sum_{k=1}^{d} |x_k-y_k|^m)^{\frac{1}{m}}$$

当 m 为 1 时称它为曼哈顿距离或者 L_1 距离。最常用的距离为当 m 值为 2 时的欧氏距离或者 L_2 距离。可以得到

$$d^2(X,Y)=\sqrt{(x_1-y_1)^2+(x_2-y_2)^2+\cdots+(x_d-y_d)^2}$$

在这种方式下,L_∞ 为

$$d^\infty(X,Y)=\max_{k=1,\cdots,d} |x_k-y_k|$$

当使用距离测量时,应当保证所有的特征有相同的取值范围,舍弃那些被认为更重要的具有更大范围的属性,就好像赋予它更大的权重。为保证所有特征具有相同的范围,应当采取特征值标准化。

马氏距离也是一种在分类中常见的距离计量,它可由下式得出:

$$d^2(X,Y)=(X-Y)^{\mathrm{T}} \Sigma^{-1}(X-Y)$$

其中,Σ 是协方差矩阵。

【例 2.4】 如果 $X=(4,1,3)$,$Y=(2,5,1)$,则欧氏距离为

$$d(X,Y)=\sqrt{(4-2)^2+(1-5)^2+(3-1)^2}=4.9$$

2.3.2 基于加权距离的度量方法

当认为某个属性更重要时,可以在它们的值上加权重。加权的距离度量形式如下:

$$d(X,Y)=(\sum_{k=1}^{d} w_k \times (x_k-y_k)^m)^{\frac{1}{m}}$$

其中，w_k 是与第 k 维(特征)相关的权重。

【例 2.5】　如果 $X=(4,2,3)$，$Y=(2,5,1)$，并且 $w_1=0.3$，$w_2=0.6$，$w_3=0.1$，那么

$$d^2(X,Y)=\sqrt{0.3\times(4-2)^2+0.6\times(1-5)^2+0.1\times(3-1)^2}=3.35$$

权值反映了对每个特征所赋予的重要性。在此例中，第二特征要比第一特征重要，第三特征重要性是最低的。

可以将马氏距离视为一种加权的欧氏距离，加权依靠协方差矩阵所表达的样本点的变化范围来确定。σ_i^2 是第 i 特征方向的方差，$i=1,2$。例如，如果

$$\Sigma=\begin{bmatrix}\sigma_1^2 & 0\\ 0 & \sigma_2^2\end{bmatrix}$$

则马氏距离给出了按照每一维度上的方差的倒数加权的欧氏距离。

另一种距离度量是豪斯多夫距离，它在比较如图 2.8 所示的两种形状时使用。在这种度量中，沿着形状的边界采样的点被比较。豪斯多夫距离是形状中的任意一点与另外一个形状中与之最近的一点之间的最大距离。如果有两个点集，集合 I 与集合 J，那么豪斯多夫距离为

$$\max(\max_{i\in I}\min_{j\in J}\|i-j\|,\max_{j\in J}\min_{i\in I}\|i-j\|)$$

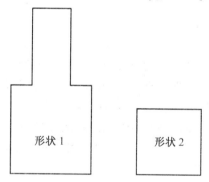

图 2.8　可以通过豪斯多夫距离比较的形状

2.3.3　非度量相似函数

相似函数在此范畴下既不遵从三角不等式也不遵从对称性。这些相似函数往往在图像以及数据串中十分有效。它们对异常值和极端噪声数据具有鲁棒性。欧氏距离平方本身是非度量的一个例子，但是它也给出了与有度量的欧氏距离相同的等级评定。一个非度量相似函数是两个矢量

之间的 k-median 距离。如果 $X=(x_1,x_2,\cdots,x_n)$，$Y=(y_1,y_2,\cdots,y_n)$，那么

$$d(X,Y)=k\text{-}\mathrm{median}\{\,|\,x_1-y_1\,|\,,\cdots,|\,x_n-y_n\,|\,\}$$

其中，k-median 运算符返回排序的差分矢量的第 k 个值。

【例 2.6】 如果 $X=(50,3,100,29,62,140)$，$Y=(55,15,80,50,70,170)$，那么

$$差矢量=\{5,12,20,21,8,30\}$$
$$d(X,Y)=k\text{-}\mathrm{median}\{5,8,12,20,21,30\}$$

如果 $k=3$，那么 $d(X,Y)=12$。

计算 X 和 Y 两种模式之间近似度的另一种方法是

$$S(X,Y)=\frac{X'Y}{\parallel X\parallel \parallel Y\parallel}$$

这相当于计算 X 与 Y 之间夹角的余弦。$S(X,Y)$ 是 X 与 Y 之间的相似度。如果将 $1-S(X,Y)$ 视为 X 与 Y 之间的距离 $d(X,Y)$，那么 $d(X,Y)$ 不满足三角不等式，它不是量化的，但是它是对称的，因为 $\cos(\theta)=\cos(-\theta)$。

【例 2.7】 如果 X、Y 和 Z 是二维空间中的矢量，X 和 Y 之间的夹角为 $45°$，Y 和 Z 之间的夹角为 $45°$，那么

$$d(X,Z)=1-0=1$$

而

$$d(X,Y)+d(Y,Z)=2-\sqrt{2}=0.586$$

因此，三角不等式在此是不成立的。

一种不具有对称性的非量化距离是发散度距离（KL 距离）。它是一个从"真实"概率分布 p 到"目标"概率分布 q 的自然距离函数。对于离散概率分布，如果 $p=\{p_1,\cdots,p_n\}$ 并且 $q=\{q_1,\cdots,q_n\}$，那么 KL 距离定义为

$$\mathrm{KL}(p,q)=\Sigma_i p_i \log_2\left(\frac{p_i}{q_i}\right)$$

对于连续概率密度，用积分代替求和。

2.3.4 编辑距离

编辑距离计算两个字符串之间的距离，它也称为莱文斯汀距离。字符串 s_1 和 s_2 之间的编辑距离是从 s_1 变化到 s_2 所需的最少的点变化数。一个点变化包含以下操作的任何一种：

(1)改变一个字母。

(2)插入一个字母。

(3)删除一个字母。

下列递推关系定义了两个字符串之间的编辑距离。

$$d(\text{" "},\text{" "})=0$$

$$d(s,\text{" "})=d(\text{" "},s)=\parallel s\parallel$$

$$d(s_1+ch_1,s_2+ch_2)=\min(d(s_1,s_2)+\{if\ ch_1=ch_2\ then\ 0\ else\ 1\},$$

$$d(s_1+ch_1,s_2)+1,d(s_1,s_2+ch_2)+1)$$

如果两个字符串 ch_1 和 ch_2 的最后字母是相同的,它们可以完全匹配。总的编辑距离为 $d(s_1,s_2)$。如果 ch_1 和 ch_2 是不同的,那么 ch_1 可以转变为 ch_2,总的距离为 $d(s_1,s_2)+1$。另一种可能是删去 ch_1 将 s_1 编辑为 s_2+ch_2,也就是说,$d(s_1,s_2+ch_2)+1$。另一个可能是 $d(s_1+ch_1,s_2)+1$。这些值的最小值为编辑距离。

【例 2.8】 (1)如果 $s=$"TRAIN"并且 $t=$"BRAIN",那么编辑距离为1,因为依据之前给出的递推关系,只需要改变一个字母。

(2)如果 $s=$"TRAIN"并且 $t=$"CRANE",那么编辑距离为3。可将从 s 到 t 的编辑距离写成"TRAI"和"CRAN"+1的编辑距离(由于 N 和 E 不相同)。接下来编辑距离将变成"TRA"和"CRA"+2之间的编辑距离(由于 I 和 N 不相同)。按此方式进行,最终得到编辑距离为3。

2.3.5 互近邻距离

两个模式 A 和 B 之间的相似度为

$$S(A,B)=f(A,B,\varepsilon)$$

其中,ε 为一组相互邻近的模式,称为语境,相当于周围的点。对于每一个数据点,所有其他数据点按照某种距离递增的顺序从1到 $N-1$ 进行标号,与之最近的记为1,最远的记为 $N-1$。

如果用 $NN(u,v)$ 来表示数据点 v 对于 u 的标号,则互近邻距离(MND)定义为

$$MND(u,v)=NN(u,v)+NN(v,u)$$

它是对称的且根据定义 $NN(u,u)=0$,它也是自反的。然而它不满足三角不等式,因此 MND 不是一种距离测度。

【例 2.9】 考虑图 2.9。

在图 2.9(a)中,点 A、B 和 C 的顺序可以表述为

	1	2
A	B	C
B	A	C
C	B	A

$$\text{MND}(A,B)=2$$
$$\text{MND}(B,C)=3$$
$$\text{MND}(A,C)=4$$

在图 2.9(b)中,点 A、B、C、D、E 和 F 的排序为

	1	2	3	4	5
A	D	E	F	B	C
B	A	C	D	E	F
C	B	A	D	E	F

$$\text{MND}(A,B)=5$$
$$\text{MND}(B,C)=3$$
$$\text{MND}(A,C)=7$$

可以看出在第一种情况下,最小的 MND 距离在 A 和 B 之间,而在第二种情况下,最小的 MND 距离在 B 和 C 之间。这是由于上下文发生了改变。

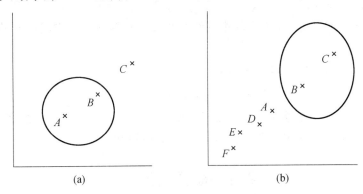

(a)   (b)

图 2.9 互近邻距离

2.3.6 概念内聚性

在例 2.9 中,距离基于一组概念应用于成对的对象上。一个概念是对一类具有共同属性值的对象的描述。例如,(颜色=蓝色)是一个表述一类

蓝色对象的概念。概念内聚性用一系列概念形式的知识来描述相似性。A 和 B 之间的概念内聚性(相似性函数)描述为

$$S(A,B) = f(A,B,\varepsilon,C)$$

其中,C 为一系列预先定义的概念。概念距离的概念结合了符号的和数值的方法。为确定模式 A 和模式 B 之间的概念距离,A 和 B 是非具体的,并且相似与不相似判定给出相似度 $S(A,B,G)$ 和 $D(A,B,G)$。这取决于一般化的 $G(A,B)$。距离函数 $f(A,B,G)$ 由下式给出

$$f(A,B,G) = \frac{D(A,B,G)}{S(A,B,G)}$$

这种一般化并不唯一,可存在另一种一般化形式。因此可以得到基于另一种一般化 $G'(A,B)$ 的 $S(A,B,G')$ 和 $D(A,B,G')$。距离函数为

$$f(A,B,G') = \frac{D(A,B,G')}{S(A,B,G')}$$

这些距离函数的最小值为概念距离。概念距离的倒数称为概念内聚性。

2.3.7 核函数

核函数可以用来描述模式 x 和 y 之间的距离。

(1) 多项式核函数。x 和 y 之间的相似度可以用多项式核函数表述为

$$K(x,y) = \varphi(x)'\varphi(y) = (x'y+1)^2$$

其中,$\varphi(x) = (x_1^2, x_2^2, 1, \sqrt{2}\,x_1 x_2, \sqrt{2}\,x_1, \sqrt{2}\,x_2)$。

通过这种方法,输入空间中的线性相关矢量转换为核空间的线性无关矢量。

(2) 径向基核函数。采用 RBF 核如下

$$K(x,y) = \exp^{\frac{-\|x-y\|^2}{2\sigma^2}}$$

此核函数的输出依赖于 x 和 y 之间的欧氏距离。x 或者 y 二者之一为径向基函数的中心,σ 将决定整个数据空间的影响区域。

2.4 模式的尺寸

样本的大小取决于所考虑到的属性。在某些例子中,样本的长度可能是一个变量。例如,在文档检索中,文档大小不一。这可有多种办法解决。

2.4.1 数据的归一化

数据标准化的过程可以使所有的模式具有统一的尺度。例如,在文件

检索的时候,固定数量的关键字就可以用来表示文件。标准化过程还可以为模式的数据集合特征定义同样的重要性。

【例 2.10】 考虑如下所示的一组带有两个特征的样本的数据

$$X_1: \quad (2,120)$$
$$X_2: \quad (8,533)$$
$$X_3: \quad (1,987)$$
$$X_4: \quad (15,1\ 121)$$
$$X_5: \quad (18,1\ 023)$$

在这里,每一行对应一个样本。第一个值代表第一个特征,第二个值代表第二个特征。第一个特征的值不超过 18,然而第二个值要大很多。如果这些值按这种方式进行距离计算,第一个特征将变得微不足道,将对分类起不到作用。标准化给予每个特征等同的影响力。将第一个特征的每个值用其最大值 18 来除,第二个特征的每个值用其最大值 1 121 来除,结果将是所有的值介于 0 和 1 之间,即

$$X'_1: \quad (0.11,0.11)$$
$$X'_2: \quad (0.44,0.48)$$
$$X'_3: \quad (0.06,0.88)$$
$$X'_4: \quad (0.83,1.0)$$
$$X'_5: \quad (1.0,0.91)$$

2.4.2 相似度度量的选择方法

相似度计算可以处理不等长度问题,一个相似度计算的例子为编辑距离。

2.5 数据集合的抽象

在监督学习中,每一个样本都具有分类标签的训练样本集用来进行分类。由于处理时间很长,可能不利用所有的训练集,而使用训练集的抽象。例如,利用最近邻分类法对一个测试样本与 n 个训练样本进行分类,所需的工作量正比于 n。如果使用其中的 m 个训练样本,则工作量正比于 m。根据抽象化方法的不同,可以采用不同的分类器。

(1)非抽象化样本。使用所有的训练样本,不对数据进行抽象化。这里用到的分类器包括最近邻(NN)分类器、k-最近邻(kNN)分类器以及改进的 k-最近邻(MkNN)分类器。这些方法利用了来自所有训练样本的

测试样本的近邻。

（2）每一类单一代表。所有属于同一类的样本由一个具有代表性的样本来代表。这个单一代表可由多种方式获得。一个选择是取此类中所有样本的平均，也可取所有样本的中心点。在此对于中心点，是指位于样本最中心位置。另一种获得单一代表的方法是利用样本所属的典型的区域。测试样本可以和每一类样本的质心进行比较，并被分类为平均值与其最近的那一类。这是最小距离分类法（MDC）。

（3）每一类多个代表。

①簇代表作为抽象。每一类中的训练样本被群聚在一起，每一簇的簇中心是每一簇中所有样本的代表。簇中心集是对整个训练集的一个抽象。

②支持向量作为代表。每个类别都可以定义一个支持向量，并且用这个支持向量来表述类别。支持向量机（SVMs）的内容将在第 7 章中进行讨论。

③基于频繁项的抽象。在事务数据库的例子中，每一个样本代表一个事务。一个例子是在一家百货商场中，每一项事务（交易）是指由某一名顾客所购买的一系列东西。这些事务或样本具有不同的长度。频繁发生的项集称为频繁项集合。如果有一个阈值 α，发生次数超过 α 的项集在数据集合中称为频繁项集。频繁项集是对事务数据库的一个抽象。任何一个离散值的样本都可以被看作一个事务。

【例 2.11】 在图 2.10 中，簇可以用它的质心或中心点来表述。质心代表簇中的点的样本的平均值，它不需要与簇中的任何一点一致。中心点位于簇中最中心位置的点。利用簇的质心或者中心点来代表簇是每一类单一代表的一个例子。每一个簇可能有不止一个代表。例如，4 个极值点

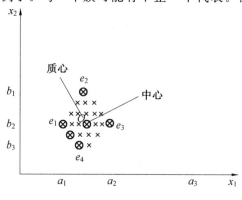

图 2.10 一系列数据点

标为 e_1、e_2、e_3、e_4 可以代表图 2.10 所示的簇。当用一个代表点来代表簇时,在最近邻分类的情况下,只需计算测试点与代表点之间的距离,不需计算测试点与所有 22 个点的距离。在多于一个代表样本的情况下,如果有 4 个代表样本,只需要计算 4 个距离而不是 22 个。

2.6 特征提取

特征提取涉及对所需样本特征的发掘和提取。特征提取操作从数据中提取特征以识别或解释有意义的信息。这在图像数据中有重大意义,因为此时特征提取需要自动识别多种特征。特征提取是模式识别中一步重要的预处理步骤。

2.6.1 Fisher 线性判别法

Fisher 线性判别将高维数据映射到一条线上并在这个空间上施行分类。如果有两个类别,那么映射最大化了两个类别之间的均值的距离并且最小化了每一类别中的方差。能够最大化所有线性映射 V 的 Fisher 准则定义如下:

$$J(V) = \frac{\left| \text{mean}_1 - \text{mean}_2 \right|^2}{s_1^2 + s_2^2}$$

其中,mean_1 和 mean_2 分别代表类别 1 和类别 2 中样本的均值;s_2 与方差成比例。最大化这个准则得到一个形式封闭的解,该解涉及一个协方差矩阵的逆矩阵。

一般地,如果 x_i 是 N 个 D 维列向量的集合,数据集的平均值为

$$\text{mean} = \frac{1}{N} \sum_{i=1}^{N} x_i$$

在多维数据的情况下,均值是一个长度为 D 的列向量,其中 D 是数据的维数。

如果有 K 类 $\{C_1, C_2, \cdots, C_K\}$,类 C_k 包含 N_k 个成员。

$$\text{mean}_k = \frac{1}{N_k} \sum_{x_i \in C_k} x_i$$

类间散布矩阵为

$$\sigma_B = \sum_{k=1}^{K} N_k (\text{mean}_k - \text{mean})(\text{mean}_k - \text{mean})^{\text{T}}$$

类内散布矩阵为

$$\sigma_w = \sum_{k=1}^{K} \sum_{x_i \in C_k} (x_i - \text{mean}_k)(x_i - \text{mean}_k)^{\mathrm{T}}$$

将数据重新定位为最易分离的转换矩阵为

$$J(V) = \frac{V^{\mathrm{T}} \sigma_B V}{V^{\mathrm{T}} \sigma_w V}$$

$J(V)$ 是要被最大化的标准函数。最大化 $J(V)$ 的矢量 V 满足

$$\sigma_B V = \lambda \, \sigma_w V$$

令 $\{v_1, v_2, \cdots, v_D\}$ 为 σ_B 和 σ_w 的广义特征向量。

给出一个 D 维映射空间。映射空间维数 $d < D$ 可以用具有最大的 d 个特征值的广义特征向量来定义，$V_d = [v_1, v_2, \cdots, v_d]$。

将向量 x_i 映射到一个 d 维子空间可以写为 $y = V_d^{\mathrm{T}} x$。在具有两个类别的问题中，

$$\text{mean}_1 = \frac{1}{N_1} \sum_{x_i \in C_1} x_i$$

$$\text{mean}_2 = \frac{1}{N_2} \sum_{x_i \in C_2} x_i$$

$$\sigma_B = N_1 (\text{mean}_1 - \text{mean})(\text{mean}_1 - \text{mean})^{\mathrm{T}} +$$
$$N_2 (\text{mean}_2 - \text{mean})(\text{mean}_2 - \text{mean})^{\mathrm{T}}$$

$$\sigma_w = \sum_{x_i \in C_1} (x_i - \text{mean}_1)(x_i - \text{mean}_1)^{\mathrm{T}} +$$
$$\sum_{x_i \in C_2} (x_i - \text{mean}_2)(x_i - \text{mean}_2)^{\mathrm{T}}$$

$$\sigma_B V = \lambda \, \sigma_w V$$

这表示

$$\sigma_w^{-1} \sigma_B V = \lambda \, V$$

由于 $\sigma_B V$ 总是在 $\text{mean}_1 - \text{mean}_2$ 方向上，则 V 的解为

$$V = \sigma_w^{-1} (\text{mean}_1 - \text{mean}_2)$$

此处的目的是将一个 d 维的问题转化为一维问题。

【例 2.12】　有 6 个点即 $(2,2)^t$、$(4,3)^t$ 和 $(5,1)^t$ 属于类别 1，$(1,3)^t$、$(5,5)^t$ 和 $(3,6)^t$ 属于类别 2。则均值为

$$m_{x1} = \begin{bmatrix} 3.66 \\ 2 \end{bmatrix}$$

$$m_{x2} = \begin{bmatrix} 3 \\ 4.66 \end{bmatrix}$$

类内散布矩阵为

$$\sigma_W = \begin{bmatrix} -1.66 \\ 0 \end{bmatrix} \times \begin{bmatrix} -1.66 & 0 \end{bmatrix} + \begin{bmatrix} 0.33 \\ 1 \end{bmatrix} \times \begin{bmatrix} 0.33 & -1 \end{bmatrix} +$$

$$\begin{bmatrix} 1.33 \\ -1 \end{bmatrix} \times \begin{bmatrix} 1.33 & -1 \end{bmatrix} + \begin{bmatrix} -2 \\ -1.66 \end{bmatrix} \times \begin{bmatrix} -2 & -1.66 \end{bmatrix} +$$

$$\begin{bmatrix} 2 \\ 0.33 \end{bmatrix} \times \begin{bmatrix} 2 & 0.33 \end{bmatrix} + \begin{bmatrix} 0 \\ 1.33 \end{bmatrix} \times \begin{bmatrix} 0 & 1.33 \end{bmatrix}$$

$$= \begin{bmatrix} 12.63 & 2.98 \\ 2.98 & 6.63 \end{bmatrix}$$

$$S_w^{-1} = \frac{1}{74.88} \begin{bmatrix} 6.63 & -2.98 \\ -2.98 & 12.63 \end{bmatrix}$$

方向由下式给出

$$V = \sigma_w^{-1}(\mathrm{mean}_1 - \mathrm{mean}_2) = \frac{1}{74.88} \begin{bmatrix} 6.63 & -2.98 \\ -2.98 & 12.63 \end{bmatrix} \times \begin{bmatrix} 0.66 \\ -2.66 \end{bmatrix}$$

$$V = \frac{1}{74.88} \begin{bmatrix} 12.30 \\ -34.2 \end{bmatrix} = \begin{bmatrix} 0.164 \\ -0.457 \end{bmatrix}$$

注意到如果 $x \in \mathrm{Class}\ 1$，则 $v'x \geqslant -0.586$，并且如果 $x \in \mathrm{Class}\ 2$，则 $v'x \leqslant -1.207$。

2.6.2 主分量分析法

主分量分析法（PCA）是一个数学方法，它将大量相关变量转化为小数量的不相关变量，这些不相关变量称为主要成分。最主要成分尽可能地反映了数据中的变化性，次之成分尽可能地反映了剩余的变化。PCA 在更低维的空间内找出了最精确的数据代表。数据被映射到了方差最大的方向上。

如果 x 是 N 个 D 维列向量的集合，则数据集的均值为

$$m_x = E\{x\}$$

协方差矩阵为

$$C_x = E\{(x - m_x)(x - m_x)^{\mathrm{T}}\}$$

由 C_{ij} 代表的 C_x 的成分表示了随机变量 x_i 和 x_j 之间的协方差。c_{ii} 是 x_i 的方差。

这是一个对称矩阵，其正交基可通过其特征值和特征向量来计算。特征向量 e_i 和相应的特征值 λ_i 是该方程的解

$$C_x e_i = \lambda_i e_i \quad (i = 1, 2, \cdots, n)$$

通过将特征向量按照特征值递减的顺序排列，有最大方差数据方向的

有序正交基可以用第一特征向量建立。用这种方法,可以找到具有最大能量的数据集的方向。

如果矩阵 A 是由协方差矩阵特征向量组成的同时其行向量通过变换数据矢量 x 形成,可以得到

$$y = A(x - m_x)$$

原始数据向量 x 可以通过下式由 y 重构

$$x = A^{\mathrm{T}} y + m_x$$

这里可以仅通过正交基的几个基向量来表征数据,而不是用所有的特征向量。

如果以 A_k 表示有 K 个特征向量的矩阵,可以得到

$$y = A_K(x - m_x)$$

并且

$$x = A_K^{\mathrm{T}} y + m_x$$

原始数据矢量投影到有 K 个维度的精简坐标上并且这个矢量由基向量的线性组合转换回来。对给定数量的特征向量,这种方法使得均方误差最小。通过选择对应最大特征值的特征向量使得信息尽可能少丢失。它提供了一种通过减少表示维度的简化表示方法。

【例 2.13】 一个数集包含两个维度的 4 个样本。属于类别 1 的样本为 $(1,1)$ 和 $(1,2)$。属于类别 2 的样本为 $(4,4)$ 和 $(5,4)$。这 4 个样本的协方差矩阵为

$$C_x = \begin{bmatrix} 4.25 & 2.92 \\ 2.92 & 2.25 \end{bmatrix}$$

C_x 的特征值为

$$\lambda = \begin{bmatrix} 6.336 \\ 0.163\,5 \end{bmatrix}$$

两个特征值被表示为一个列向量。

由于第二个特征值相比于第一个特征值非常小,第二个特征值可以被移除。最重要的特征向量为

$$e_1 = \begin{bmatrix} 0.814 \\ 0.581 \end{bmatrix}$$

将样本变换到特征向量上,样本 $(1,1)$ 被转换为

$$\begin{bmatrix} 0.814 & 0.581 \end{bmatrix} \times \begin{bmatrix} -1.75 \\ -1.75 \end{bmatrix} = -2.44$$

类似地,样本 $(1,2)$、$(4,4)$ 和 $(5,4)$ 被变换为 -1.86、1.74 和 2.56。

当尝试着用变换后的数据得到原始数据时,一些信息丢失了。对于样本(1,1),使用变换后的数据,可得到

$$[0.814 \quad 0.581]^T \times (-2.44) + \begin{bmatrix} 2.75 \\ 2.75 \end{bmatrix}$$

$$= [-1.99 \quad -1.418]^T + \begin{bmatrix} 2.75 \\ 2.75 \end{bmatrix} = \begin{bmatrix} 0.76 \\ 1.332 \end{bmatrix}$$

2.7 特征选择

用于分类的特征并不总是有意义的,移除那些对于分类没用的特征,可能会得到更高的分类精确度。特征选择可以加速分类过程,同时确保分类精度是最佳的。特征选择要具有以下特点:

(1)减少样本分类以及分类设计的开销、维度简化等。使用一个有限的特征集简化样本的描述以及分类复杂度。因此分类将变得更快,使用更少的存储器。

(2)分类精度的提高。分类精度的提高取决于以下因素:

①分类器的表现取决于样本大小、特征数量、分类复杂度之间的关联。为获得高的分类精度,训练样本的数量必须随着特征数量的增加而增加。只要训练样本数量任意大,错误分类的可能性就不会随着特征数量的增加而增大。当超过某一点时,由于训练样本有限,包含额外特征将导致高错误概率。如果用于训练分类器的训练样本很小,增加特征可能会降低分类器的性能。这称作峰值现象,如图 2.11 所示。因此可以看到,当训练样本数量受限时小数量的特征可以减轻维度上的麻烦。

②在一个广义集合的情况下,随着维度的增加,到最近点的距离逐步接近到最远点的距离。这将影响最近邻问题的结果。为得到更好的结果而减少维度在这些情况下是有意义的。

所有的特征选择算法基本上都涉及遍历不同的特征子集。由于特征选择算法本质上是搜索程序,如果特征的数量庞大(或者说甚至超过 30 个),特征子集的数量将变得过分大。

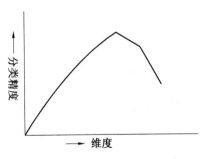

图 2.11 峰值现象或维度困扰

对于诸如穷举搜索和分支定届技术这样的最优算法来说,计算效率将急剧下降,有必要使用本质上更快的次最优程序。

新发现的特征子集需要用一个准则函数来进行评估。对于一个特征子集 X,需要找到 $J(X)$。常使用的准则函数是在训练集合上的分类错误函数。这里 $J=(1-P_e)$,其中 P_e 是分类错误概率。这表明 J 的值越大特征子集越好。

2.7.1　穷举搜索法

穷举搜索法是解决特征选择问题的最直接方法,搜索所有特征子集并且找到最佳子集。如果样本包含 d 个特征,一个有 m 个特征的子集应该被找到并且具有最小的分类错误,它需要搜索所有 $\binom{d}{m}$ 具有 m 大小的子集并选择具有最大准则函数值的子集 $J(.)$,其中 $J=(1-P_e)$。表 2.3 给出了一个具有 5 个特征的数集的各种子集。这里子集具有三个特征,0 表示相应的特征被移除,1 表示特征被包含。

表 2.3　穷举搜索的特征选择

标号	f_1	f_2	f_3	f_4	f_5
1	0	0	1	1	1
2	0	1	0	1	1
3	0	1	1	0	1
4	0	1	1	1	0
5	1	0	0	1	1
6	1	0	1	0	1
7	1	0	1	1	0
8	1	1	0	0	1
9	1	1	0	1	0
10	1	1	1	0	0

这种方法甚至对于适中的 d 与 m 都不适用。甚至当 d 为 24,m 为 12 时,大约有 270 万个特征子集需要被评估。

2.7.2　分支定界搜索法

分支定界搜索法通过利用在获得最终准则值过程中所产生的一些中间结果避免了穷举搜索。这种方法假设如下所描述的单调性。

令 $(Z_1, Z_2, \cdots, Z_l)$ 为 $l=d-m$ 个特征被丢弃以获得一个具有 m 个特征的特征子集。每一个变量 Z_i 可以取值 $\{1, 2, \cdots, d\}$。Z_i 的顺序是不重要的并且它们是明确的,因此只考虑序列 Z_i,例如 $Z_1 < Z_2 < \cdots < Z_l$。特征选择准则为 $J_l(Z_1, \cdots, Z_l)$。特征子集选择问题是为找到最优子集 $Z_1^*, \cdots, Z_l^*$,使得

$$J_l(Z_1^*, \cdots, Z_l^*) = \max J_l(Z_1, \cdots, Z_l)$$

如果准则 J 满足单调性,那么

$$J_1(Z_1) \geqslant J_2(Z_1, Z_2) \geqslant \cdots \geqslant J_l(Z_1, \cdots, Z_l)$$

这意味着一个子集的特征不能优于任何一个包含该子集的更大集合。

令 B 为准则 $J_l(Z_1^*, \cdots, Z_l^*)$ 最佳值的下界,也就是说

$$B \leqslant J_l(Z_1^*, \cdots, Z_l^*)$$

如果 $J_k(Z_1, \cdots, Z_k)(k \leqslant l)$ 小于 B,那么对于所有可能的 $Z_{k+1}, \cdots, Z_l$,

$$J_l(Z_1, \cdots, Z_k, Z_{k+1}, \cdots, Z_l) \leqslant B$$

这意味着当任何一个节点的准则评估值小于界限 B 时,那个点的所有继承节点的评估值都小于 B,因此无法获得最佳解决方案。这一原则用在分支定界算法中。分支定界算法成功地产生解答树的部分并计算准则值。只要一个次最优部分序列或节点的准则值低于界限值,那么,此节点下的子树即被舍弃并且开始探索其他部分序列。

从树的根开始,当前节点的继承节点被逐一列举在一个有序目录 LIST(i) 中。那些部分准则值 $J_i(Z_1, \cdots, Z_i)$ 最大的继承节点被选作新的当前节点,算法转换为下一个更高的层次。在第 i 层的目录 LIST(i) 与已探寻的节点保持联系。继承变量决定了当前节点所拥有的在下一层的继承节点的数量。AVAIL 与可在任何一层被枚举的特征数值保持联系。当部分准则值小于界限时,算法会原路返回之前一层并选择一个到现在未被探索的节点以扩张。当算法到达最后一层时,下界 B 被更新为 $J_l(Z_1, \cdots, Z_l)$ 的当前值并且当前序列 $(Z_1, \cdots, Z_l)$ 被存储为 $(Z_1^*, \cdots, Z_l^*)$。当 LIST(i) 中的所有节点对于一个给定的 i 值来说已经详尽研究过时,算法将回溯到之前的层。当算法回溯到层 0 时终止。当算法完结时,$(Z_1^*, \cdots, Z_l^*)$ 将给出最佳特征集合的补集。

分支定界算法如下。

第一步:将根节点作为当前节点。

第二步:找到当前节点的继承节点。

第三步:如果继承节点存在,那么选择具有最大 J_i 的还没有找到的继

承节点 i 并且将它作为当前节点。

第四步：如果这是最后一层，更新界限 B 到 $J_l(Z_1,\cdots,Z_l)$ 的当前值并且将当前路径 $(Z_1,\cdots,Z_l)$ 存储为最优路径 $(Z_1^*,\cdots,Z_l^*)$。回溯到前一层找到当前节点。

第五步：如果当前节点不是根节点，那么转向第二步。

第六步：这一点 $(Z_1^*,\cdots,Z_l^*)$ 的最佳路径的补集给出了最佳特征集合。

算法假设了准则函数 $J(.)$ 的单调性。这意味着对于两个特征子集 χ_1 和 χ_2，其中 $\chi_1 \subset \chi_2, J(\chi_1) < J(\chi_2)$，这并不总是正确的。

改进的分支定界算法（BAB⁺）给出了对 BAB 算法的改进。当对任何一个节点的准则评估结果不超过界限 B 时，所有其继承节点的准则值仍不超过界限 B，因此不能称为最优解。BAB⁺ 没有产生这些节点，用超过当前界限的准则值来代替当前界限，并且在搜索过程中一直持续到末端节点。由全局最优节点保留的代表准则值的界限不会被替换。这种算法完全跳过了中间节点和"短线"，因此提高了算法效率。

松弛分支定界（RBAB）可以在即使不满足单调性的条件下使用。这里引入盈余 b，当 J 超过界限的范围不超过 b 时，搜索继续。另一方面，改进的分支定界算法避免了引入盈余并且只有当节点 Z 和其一个父节点的准则值都小于界限时才会去掉 Z 节点以下的分支。

【例 2.14】 考虑一个具有 4 个特征 f_1、f_2、f_3 和 f_4 的数集。图 2.12 给出了当某一时刻一个特征被移除的树。节点上的数字显示了在所形成的树中的顺序。当到达一个叶节点时，计算一个节点的准则值。当到达节点 3，由于它的准则值为 25，界限便设为 25。由于下一个节点 4 的界限为 45 大于 25，因此界限改为 45。节点 5 的准则值比 45 小，因此界限仍保持为 45。当计算到节点 6 时，发现它的准则值为 37。由于它小于界限，这个节点没有被延展得更远。由于单调性假设，节点 7 和 8 的估计值小于 37。类似地，节点 9 的准则值小于 43，仍然不能延展得更远。因此特征 f_1 和 f_3 被移除。如图 2.13 所示。采用松弛分支定界，如果盈余 b 是 5，考虑节点 9，由于其准则值 43 与界限值 45 之差小于 5，节点就被延展到节点 10。如果不满足单调性，节点 10 的准则值大于 45，它将被选作具有最大准则值的一个并且使 f_3 和 f_4 两个特征被移除，如图 2.13 所示，其中准则值为 47。

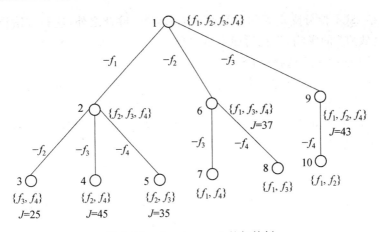

图 2.12 $d = 4, m = 2$ 的解答树

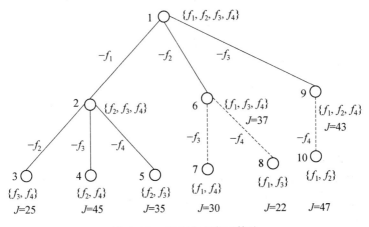

图 2.13 使用分支定界算法

2.7.3 最优特征选择法

最优特征选择法是一种只选择最优特征的简单方法。独立计算所有个体特征,并选择 m 个最佳特征。这种方法虽然简单,但是很有可能失败,由于特征之间并非完全独立。

2.7.4 顺序选择法

顺序选择法的实施或者通过增长特征集的计算或者通过收缩特征集的计算。它或者从空集合开始逐个特征地增加,或者从满集合开始逐个特征地减少。依据从空集或是满集开始,分别对应的有前向顺序选择(SFS)和后向顺序选择(SBS)。由于写方法没有试验所有子集,该算法不能保证

31

最优结果(不像分支定界和穷举搜索法那样)。除此之外,这种方法还受到"嵌套效应"的影响,将在后面章节解释。

(1)前向顺序选择(SFS)。

这种顺序方法每次增加一个特征,然后估计其性能。由于搜索起始于空集合并依次建立了子集,这种方法也称"自下而上方法"。由于特征一旦被选取便不能再抛弃,因此这种方法受到"嵌套效应"的影响。搜索到的特征子集数量为

$$\sum_{i=1}^{m}(d-i+1)=m\left[d-\frac{(m-1)}{2}\right]$$

特征依据它们的重要性来选取。最重要的特征被选择加入到特征子集的每一个阶段。最重要的特征是那些在被选作特征之前相比于其他特征对准则函数值影响最大的特征。如果 U_0 加入到包含 k 个特征的集合 X_k 中,那么它的重要性为

$$S_{k+0}(U_0)=J(X_k \bigcup U_0)-J(X_k)$$

关于集合 X_k 的最重要特征为

$$S_{k+0}(U_0^r)=\max_{1\leqslant i\leqslant \phi}S_{k+0}(U_0^i)$$

也就是说,

$$J(X_k \bigcup U_0^r)=\max_{1\leqslant i\leqslant \phi}J(X_k \bigcup U_0^i)$$

其中,ϕ 为所有可能的 0 数组的数量。

关于集合 X_k 的最不重要特征为

$$S_{k+0}(U_0^r)=\min_{1\leqslant i\leqslant \phi}S_{k+0}(U_0^i)$$

也就是说,

$$J(X_k \bigcup U_0^r)=\min_{1\leqslant i\leqslant \phi}J(X_k \bigcup U_0^i)$$

(2)后向顺序选择(SBS)。

这种选择方法先利用所有特征,然后一次删除一个特征。由于其搜索起始于完整特征集并且依次丢弃特征,它也称为"自顶向下"方法。其缺点是,特征一旦被丢弃就无法再找回。通过在每一阶段找到最不重要特征来依次将某些特征丢弃。

2.7.5　顺序浮动选择法

考虑到 SFS 与 SBS 的"嵌套效应","加 l 减 r"选择被提出。特征子集首先使用前向选择加入 l 个特征,然后使用后向选择除去 r 个特征。这种方法的主要缺点是没有一个理论手段来确定 l 与 r 的值进而获得最佳特征

子集。由于不需要明确指出参数 l 和 r，浮动搜索方法是一种改进算法。前向与后向搜索步骤数在运行时是动态确定以最大化准则函数值的。在每一个步骤中，只有单个特征被加入或移除。L 和 r 的值保持"浮动"，也就是说，它们保持可变性，以便尽可能地接近最优解。因此特征子集的维度没有单调性地改变，但实际上是在上下"浮动"。

（1）顺序浮动前向搜索（SFFS）。

SFFS 的准则如下。

第一步：令 $k=0$。

第二步：将最重要特征加入当前大小为 k 的子集，令 $k=k+1$。

第三步：依情况从当前子集中移除最不重要特征。

第四步：如果当前子集是迄今找到的大小为 $k-1$ 的最佳子集，令 $k=k-1$ 并返回步骤三。否则依情况移除一个特征并返回步骤二。

【例 2.15】 考虑带有 4 个特征的样本数集 f_1、f_2、f_3 和 f_4。算法步骤如下：

第一步：将特征子集选为空集，也就是说，$F=\varnothing$。

第二步：发现最重要特征，令它为 f_3，那么 $F=\{f_3\}$。

第三步：发现最不重要特征，也就是说，如果 f_3 被移除它便被找到了。

第四步：f_3 的移除没有改善准则值并且 f_3 被还原。

第五步：发现最重要特征，令它为 f_2，也就是说，$F=\{f_3,f_2\}$。

第六步：发现最不重要特征，它是 f_2。失败。

第七步：发现最重要特征，令它为 f_1，那么 $F=\{f_3,f_2,f_1\}$。

第八步：发现最不重要特征，令它为 f_3。如果能给出一个更好的子集，那么 $F=\{f_1,f_2\}$。

最佳集合为 $F=\{f_1,f_2\}$，在 $m=2$ 的情况下。注意到，如果在最后一步，最不重要特征被发现为 f_1，$F=\{f_2,f_3\}$ 如步骤五，这便形成了一个循环。

（2）顺序浮动后向搜索（SBFS）。

除了先采用后向搜索然后前向搜索之外，这种方法类似于 SFFS。SBFS 准则如下。

第一步：$k=0$。

第二步：从当前大小为 k 的子集中移除一个最不重要特征，令 $k=k-1$。

第三步：依情况从不在当前子集的特征中选出最重要特征加入当前子

集。

第四步:如果当前子集是目前所找到的大小为 $k-1$ 的最佳特征子集,那么令 $k=k+1$,并返回步骤三。否则依情况移除所加入的特征并返回步骤二。

算法起始于所有特征然后将它们逐一移除,因此,这种方法的结果并不总是好的。如果维度很大,也就是说 d 是很大的并且 m 很小,将会造成很大的时间开销,这时 SFFS 方法更好。

2.7.6 最大最小特征选择法

最大最小特征选择法相比于其他方法在计算上更有优势。由于这种方法只需要在二维空间中进行计算而不是需要在多维空间中花费大的计算时间开销。然而这种方法获得的结果却非常不令人满意。它按如下方式进行。

令:

f_i 为选取程序第 i 步所获得的来自于所选特征集 $F_k=\{f_1,\cdots,f_k\}$ 的一个特征。

g_j 为未被选择的特征集中的第 j 个特征。

$\delta J(y_j,x_i)$ 为 $J(g_j,f_i)$ 和 $J(f_i)$ 之差的绝对值。

在最大最小方法中,新特征 y_j 被选作下一个特征,如果它满足

$$\max_{\forall y_j} \min_{\forall x_i} \Delta J(y_j,x_i)$$

较差的结果证实不可能根据二维信息来选择一个高维空间中的特征子集而不造成大量的信息丢失。

【例 2.16】 考虑一个具有 4 个特征的样本数集。一次利用两个特征值的准则函数值见表 2.4。

表 2.4　利用一特征子集的准则函数

特征	f_1	f_2	f_3	f_4
f_1	10	30	35	55
f_2	30	20	40	53
f_3	35	40	30	42
f_4	55	53	42	40

如果 $J(f_1)$ 代表只利用特征 f_1 的准则函数值,那么

$$J(f_1)=10;\quad J(f_2)=20;\quad J(f_3)=30;\quad J(f_4)=40$$

它由表 2.4 的对角元素来描述。

① 考虑 f_1,如果 $J(f_1,f_2)=30,J(f_1,f_3)=35,J(f_1,f_4)=55$,那么

$$\Delta J(f_1,f_2)=10; \quad \Delta J(f_1,f_3)=5; \quad \Delta J(f_1,f_4)=15$$

它们之中最小的为 $\Delta J(f_1,f_3)=5$。

② 考虑 f_2,如果 $J(f_2,f_1)=30,J(f_2,f_3)=40$ 并且 $J(f_2,f_4)=53$,那么

$$\Delta J(f_2,f_1)=20; \quad \Delta J(f_2,f_3)=10; \quad \Delta J(f_2,f_4)=13$$

它们中最小的为 $\Delta J(f_2,f_3)=10$。

③ 考虑 f_3,如果 $J(f_3,f_1)=35,J(f_3,f_2)=40$ 并且 $J(f_3,f_4)=42$,那么

$$\Delta J(f_3,f_1)=25; \quad \Delta J(f_3,f_2)=20; \quad \Delta J(f_3,f_4)=2$$

它们中最小的为 $\Delta J(f_3,f_4)=2$。

④ 考虑 f_4,如果 $J(f_4,f_1)=55,J(f_4,f_2)=53$ 并且 $J(f_4,f_3)=42$,那么

$$\Delta J(f_4,f_1)=45; \quad \Delta J(f_4,f_2)=33; \quad \Delta J(f_4,f_3)=12$$

它们中最小的为 $\Delta J(f_4,f_3)=12$。

从 4 个最小值中找出最大值,得到 f_4 作为下一个被选中的特征。可以看到,每一次只考虑两个特征。如果一次考虑更多数量的特征,那么特征选取的结果会变得不同。

2.7.7　随机搜索法

遗传算法是一种常用于进行特征选取的随机搜索算法。在遗传算法中种群由二进制类型的字符串构成。每个字符串(或者染色体)长度为 d。每个位置 i 取 0 或是 1 取决于特征 i 在集合中不存在还是存在。这意味着,每一个特征子集由一个 d - 元素比特串或者二进制向量来编码。种群中每个字符串是一个特征选取向量 α,其中每个 $\alpha=\alpha_1,\cdots,\alpha_d$,并且如果第 i 个特征被排除,那么第 i 个值 α_i 假定为 0,如果包含于特征子集中,则其值为 1。为推断其合理性,每个染色体通过判断其在训练集中的表现来评估。

2.7.8　人工神经网络

具有反向传递学习算法的多层前馈网络常用在这种方法中。在此所考虑的方法是选取一个更为重要的网络然后去掉一个不重要的节点。通过排除最不重要的节点来实施修剪。它基于网络表现没有在整个训练集

中变得更糟的前提下反复排除单元并适应余下的权重。修剪问题根据利用最优化方法来解决系统线性方程来阐释。节点的移除相当于从特征集中移除相应的特征。一个节点的重要性由移除该节点所造成的整个训练样本错误增量的总和来定义。基于特征筛选的节点移除首先要训练一个网络,然后移除最不重要的节点。在移除最不重要节点之后,缩减的网络再一次被训练。这种程序反复重复以达到最少分类错误。

2.8　分类分析方法

在使用分类器进行分类任务之前,有必要评估它的表现。需要考虑的分类器参数列举如下:

(1)分类器的准确性。分类器的首要目标是对未知样本进行正确的分类。分类准确度是评估一个分类器的重要参数。

(2)设计时间和分类时间。设计时间是指从训练数据中建立起分类器所需要的时间,而分类时间是利用设计好的分类器对样本进行分类所花费的时间。最近邻分类器不需要任何设计时间。然而分类时间却很长,因为每一个样本需要与所有训练集中的其他样本进行比较。另一方面,神经元网络分类器需要很长的设计时间来训练网络中的权重。但是,分类时间却很少,因为只需要通过训练网络来操作样本以获得样本分类。

(3)所需要的空间。如果对一个训练集进行抽象,那么所需的空间会更少。如果没有进行抽象并且所有训练数据需要进行分类,空间需求就会很高。最近邻分类器需要对整个训练数据进行存储,因此所需要的空间就更多。神经元网络、决策树以及规则分类器只需要对训练集的抽象,因此需要的空间就更少。例如,神经元网络分类器需要训练神经元网络来完成分类任务,不需要训练数据集。

(4)解释说明能力。如果一种对样本的分类方法对使用者解释得很清楚,那么它的解释说明能力就很好。例如在决策树分类法中,沿着从样本的特征数据的根节点到叶节点的路径将给出对样本的分类。类似地,使用者会明白为什么一个基于规则的系统会为样本选择一个特别的分类。另一方面,一个神经元网络分类器具有一个已训练的神经元网络,但是用户并不清楚网络正在做什么。

(5)噪声容限。它是指一个分类器处理异常值和错误分类样本的能力。

分类器的精确性是一个常被考虑的参数。然而当分类时间很长又需要快速实施分类任务时,牺牲准确性使用更快的分类器会更好。在类似于手持设备这种空间有限的情况下,需要使用所需空间更小的分类器。在类似医学诊断学这种极其关键的应用中,解释说明能力变得尤为重要以便医生能够确定分类器正在做正确的事。

要想评估一个分类方法有多好,可以评估训练集合本身。它就是代换法评估。假设训练数据是数据的一个很好的代表。有些时候,训练数据的一部分用作对分类器表现的考量。通常,一个训练集被分为一个更小的子集,其中一个子集用作训练而另一个用作校验。不同的校验方法列举如下。

(1) 保持法。训练集被分为两个子集。典型地,数据的三分之二用作训练,数据的三分之一用作校验。也可以一半用作训练一半用作测试或其他比例。

(2) 随机子抽样。在这种方法中,保持法被反复数次,每次用不同的训练数据和校验数次。如果这个过程重复了 k 次,那么整体精确度为

$$\mathrm{acc}_{overall} = \frac{1}{k} \sum_{i=1}^{k} \mathrm{acc}_i$$

(3) 交叉校验。在交叉校验中,每个样本用同样多的次数训练和测试。一个交叉校验的例子是双重交叉检验。数据集合被分成了两个等同的子集。首先,其中一个集合用来训练,另一个用来测试。然后子集的角色互换训练集成为校验集,反之亦然。

在 k 重交叉校验中,数据被分为 k 个等同的子集,每次操作时一个子集用来做测试,其他子集用来做训练。这种过程执行 k 次直到每个子集都做过测试。k 重交叉校验的一个特殊情况是 $k=n$ 的时候(其中 n 是数据集合中样本的数量),这种方法称为留一交叉法,每个测试集只有一个样本,程序执行 n 次。

(4) 拔靴法。一个样本随机地从数集中选出,但并不从数集中删除它,然后随机地选出另一个样本。重复这个过程,直到选出了 N 个样本。这些样本用作训练,没被选的样本用来做测试。

2.9 聚类分析方法

评估通过任何方法实现的聚类也很重要。通常,如果维度不是很高,人工检查聚类图是一个好办法。聚类质量可以通过检测样本间相似度来衡量。样本属于同一集群的应该具有高相似度,样本属于不同集群的应该

具有低相似度。

问 题 讨 论

样本的表述十分重要，一个好的表述可以利用对象的可辨识特征。利用好的样本描述可以减少模式分类过程中的计算负担。有很多种数据结构可以用来描述样本。所选择的方法取决于碰到什么样的问题。特征选择是一个选择更具相关性的特征子集并且去掉那些对分类贡献很低的特征的过程。所有的特征选择方法都基于尝试各种不同特征子集并找出其中最好的子集。在决定选择一个用来完成特定任务的分类方法之前，有必要对这种分类方法进行评估。用于评估分类方法的准则以及如何评估分类方法已经讨论过了。

延伸阅读材料

Huttenlocher(1993) 描述了豪斯多夫距离，一种用于描述具有影像的样本的近似方法。由 Han 等(2004) 提出了用于以压缩的方式描述样本的频繁模式树。

大量文献描述了用于特征选择的不同方法，Narendra 和 Fukunaga (1977) 解释了用于特征选择的分支定界算法。Yu 和 Yuan(1993) 提出了这种方法的改进算法。用于特征选择的浮动搜索算法由 Pudil 等(1994) 和 Somol 等 (1999) 提 出。Kuncheva 和 Jain(1999) ，Siedlecki 和 Sklansky(1989) 说明了如何利用遗传算法进行特征选择。Kuncheva 和 Jain(1999) 说明了如何将特征选择以及原型选择结合在一起。

习　　题

1. 找出下列样本的质心和中心，在什么情况下质心和中心是一样的？
  $(1,1),(1,3),(1,4),(2,2),(2,3),(3,1),(3,4),(4,2)$

2. 在什么情况下一组点会有正的最小方差值？为什么质心是一系列点的最好代表？

3. 求出两个字符串“HOUSE”与“MOUND”之间的编辑距离。

4. 证明欧氏距离平方是非度量的。

5. 对于非二进制数据，证明 $L_1 > L_2 > L_\infty$。

6. X 和 Y 之间的相似性函数 $D(X,Y)$ 按如下给出,并是非度量的。

$$S(X,Y) = \frac{X'Y}{\parallel X \parallel \parallel Y \parallel}$$

$$D(X,Y) = 1 - S(X,Y)$$

写出将它们转化为路径测度的方法。

7. I 和 J 之间的豪斯多夫距离由下式给出

$$\max(\max_{i \in I} \min_{j \in J} \parallel i-j \parallel , \max_{j \in J} \min_{i \in I} \parallel i-j \parallel)$$

这个距离是非度量的。这里哪个特性是不合规定的,使其成为非度量的?

8. 给出如下一系列点,求出 D 和 E 之间的互近邻距离。

$$A = (1,1); B = (2,2); C = (2,1); D = (3,1);$$
$$E = (4,4); F = (5,4); G = (6,4); H = (6,5)$$

9. 给出建立于 N 个 d 维二进制样本的 FP 树拥有最小数量节点,其中每个样本最多有 $l(<d)$ 个 1。

10. 一个数集包含以下样本

$$(1,1,1),(2,2,1),(1.5,0.5,1),(1,3,1),$$
$$(4,4,2),(5,5,2),(4,5,2),(4,6,2)$$

其中每个样本包含 x 坐标、y 坐标和类别。求出与 Fisher 线性判别相关的 W 向量的方向。

11. 给定两个类别中的 n 个 d 维样本并且 $n < d$,判断用于 Fisher 线性判别的 S_B 和 S_w 是不是奇异的。

12. 用 Fisher 线性判别求出当 $m_1 = m_2$,并且 $s_1 = s_2 = 0.5I$ 时,其中 I 是一个单位矩阵时 W 的方向。

13. 下面给出的是一系列具有 3 个特征的样本 X、Y 和 Z

X	Y	Z	输出
0	0	0	0
0	1	1	0
1	0	1	0
1	1	1	1

有没有哪个特征是多余的? 请解释。

14. 如果存在 10 个特征并且需要将特征的数量减少到 6 个以得到最佳的 6 个特征,在穷举搜索法中该计算多少个特征子集来获得最佳的 6 个特征?

上 机 练 习

1.写出一组样本的 FP 树的程序,并用这个程序产生表 2.1 中数据的 FP 树。

2.进一步拓展上机练习第一题,用 FP 树得到任何一个事务的最近邻,并且把它利用在表 2.1 所给出的数据上。

3.写一个程序获得一个训练数据集的 Fisher 线性判别式,得到一个二维数集的 Fisher 线性判别式

$$(1，1，1)，(1，2，1)，(1，3，1)，(2，1，1)，(2，2，1)，(2，3，1)，$$
$$(2，3.5，1)，(2.5，2，1)，(3.5，1，1)，(3.5，2，1)，(3.5，3，2)，$$
$$(3.5，4，2)，(4.5，1，2)，(4.5，2，2)，(4.5，3，2)，(5，4，2)，$$
$$(5，5，2)，(6，3，2)，(6，4，2)，(6，5，2)$$

其中每一个样本表示为特征 1、特征 2 和类别。

4.写一个程序实现主成分分析法并且把它用在上机练习 3 所给出的数据上。

5.实现特征选择的分支定界法,把它用于具有大量特征的数集中并找出由程序得到的一系列特征。

6.实现顺序浮动前向搜索并且把它应用于上机练习题 5 中的数据。比较这种方法找出的特征和分支定界找出的特征。

7.实现顺序浮动后向搜索,把它用于上机练习题 5 中的数据。将它找出的特征和 SFFS 与分支定界法所找出的进行比较,哪个算法给出了最好的特征集合?

本章参考文献

[1] Han Jaiwei, Jian Pei, Yiwen Yin, Runying Mao. Mining frequent patterns without candidate generation: A frequent pattern tree approach. *Data Mining and Knowledge Discovery* 8(1): 53-87. 2004.

[2] D. P. Huttenlocher, G. A. Klanderman, W. A. Rucklidge. Comparing images using the Hausdorff distance. *IEEE Trans. on Pattern Analysis and Machine Intelligence* 15(9): 850-863. 1993.

[3] A. K. Jain, D. Zongker. Feature selection: Evaluation, application and small sample performance. *IEEE Trans. on Pattern Analysis and Machine Intelligence* 19:153-157. 1997.

[4] L. Kuncheva, L. C. Jain. Nearest neighbor classifier: Simultaneous editing and feature selection. *Pattern Recognition Letters* 20:1149-1156. 1999.

[5] P. M. Narendra, K. Fukunaga. A branch and bound algorithm for feature subset selection. *IEEE Trans. Computers* 26(9): 917-922. 1977.

[6] P. Pudil, J. Novovicova, J. Kittler. Floating search methods in feature selection. *Pattern Recognition Letters* 15: 1119-1125. 1994.

[7] W. Siedlecki, J. Sklansky. A note on genetic algorithms for large-scale feature selection. *Pattern Recognition Letters* 10: 335-347. 1989.

[8] P. Somol, P. Pudil, J. Novovicova, P. Paclik. Adaptive floating search methods in feature selection. *Pattern Recognition Letters* 20: 1157-1163. 1999.

[9] Yu, Bin, Baozong Yuan. A more efficient branch and bound algorithm for feature selection. *Pattern Recognition* 26(6): 883-889. 1993.

第3章 最近邻分类器

学习目标：

本章将介绍最近邻分类器,学习本章之后你将会明白：

①什么是最近邻(NN)算法。

②典型的最近邻算法,如：

  ——k 最近邻算法(kNN)。

  ——改进的 k 最近邻算法(MkNN)。

  ——模糊 k 最近邻算法。

  ——r 近邻算法。

③有效算法的使用。

④数据压缩的意义。

⑤分类中代表点选择的不同方法,如：

  ——最小距离分类法(MDC)。

  ——压缩的最近邻(CNN)算法。

  ——改进压缩最近邻(MCNN)算法。

  ——编辑方法。

用于分类的最简单的决策程序就是最近邻规则,根据一个样本的最近邻距离将其进行分类。当涉及大量样本时,可以证明这种规则可能产生某种误差,但误差不超过最优误差的两倍,因此相比于其他决策规则,它的错误概率不超过其他决策规则错误概率的两倍。最近邻分类器利用可获得的训练集中的某些或全部样本对一个测试样本进行分类。这些分类器本质上是找出测试样本和训练集合中的每一个样本之间的相似性。

3.1 最近邻算法

最近邻算法将其最近邻居的类标签分配给测试样本。设有 n 个训练样本,$(X_1,\theta_1),(X_2,\theta_2),\cdots,(X_n,\theta_n)$。其中 X_i 的维数为 d,θ_i 为第 i 样本的分类标签。如果 P 为测试样本,那么

$$d(P, X_k) = \min\{d(P, X_i)\}$$

其中 $i = 1, \cdots, n$。模式 P 被分类为与 X_k 相关的类 θ_k。

【例 3.1】 训练集中包含下列三维样本：

$X_1 = (0.8, 0.8, 1)$, $X_2 = (1.0, 1.0, 1)$, $X_3 = (1.2, 0.8, 1)$

$X_4 = (0.8, 1.2, 1)$, $X_5 = (1.2, 1.2, 1)$, $X_6 = (4.0, 3.0, 2)$

$X_7 = (3.8, 2.8, 2)$, $X_8 = (4.2, 2.8, 2)$, $X_9 = (3.8, 3.2, 2)$

$X_{10} = (4.2, 3.2, 2)$, $X_{11} = (4.4, 2.8, 2)$, $X_{12} = (4.4, 3.2, 2)$

$X_{13} = (3.2, 0.4, 3)$, $X_{14} = (3.2, 0.7, 3)$, $X_{15} = (3.8, 0.5, 3)$

$X_{16} = (3.5, 1.0, 3)$, $X_{17} = (4.0, 1.0, 3)$, $X_{18} = (4.0, 0.7, 3)$

对每一个样本来说，前两个数给出样本的第一个特征和第二个特征，第三个数给出样本的分类标签。如图 3.1 所示，"+"对应类别 1，"×"对应类别 2，" * "对应类别 3。

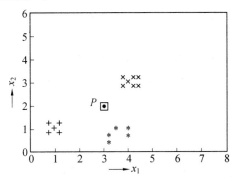

图 3.1 样例数据集

如果有一个测试样本 $P = (3.0, 2.0)$，求出 P 与所有其他训练样本的距离。令 P 和 X 之间的欧氏距离为

$$d(X, P) = \sqrt{(X[1] - P[1])^2 + (X[2] - P[2])^2}$$

点 P 和集合中任何一点之间的距离可以用上式计算。例如 $P = (3.0, 2.0)$，它到 X_1 的距离为

$$d(X_1, P) = \sqrt{(0.8 - 3.0)^2 + (0.8 - 2.0)^2} = 2.51$$

我们发现，在计算 P 点和所有其他点之间的距离后，P 的最近邻为 X_{16}，和 P 之间的距离为 1.12，属于类别 3，因此 P 也属于类别 3。

3.2 典型的最近邻算法

3.2.1 k 最近邻算法(kNN)

与最近邻算法不同,k 最近邻算法不是寻找 1 个最近邻,而是找 k 个。这 k 个最近邻中占绝大多数的类别为新样本的类别。k 值的选取是很重要的。如果选取适当的 k 值,k 最近邻算法分类准确度会高于最近邻算法。

【例 3.2】 在图 3.1 中,如果 k 值选为 5,那么 P 的 5 个最近邻为 X_{16}、X_7、X_{14}、X_6 和 X_{17}。这 5 个样本的绝大多数类别是类别 3。

当训练样本有噪声时,这种分类方法可以减小分类误差。此时测试样本的最近邻样本可能属于其他类别,但是当获得了绝大多数近邻并且选取了占绝大多数的类别,样本将更有可能被正确分类,图 3.2 阐释了这一点。

【例 3.3】 如图 3.2 所示,与点 P 最近的点 5 是类别 1(用"×"号来表示)中的一个奇异点。如果使用 kNN 算法,那么点 P 将被归为用"。"表示的类别 2。

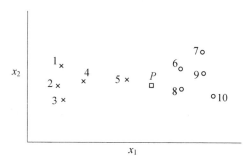

图 3.2 利用 kNN 算法可以对 P 正确归类

k 值的选择是执行该算法的关键一步。对于大数据集,k 值可以选得更大以减小误差。k 值可通过实验来决定,可以从训练集中取出大量样本,然后选取不同的 k 值并对剩下的训练样本进行分类,并选择分类误差最小的那个 k 值。

【例 3.4】 在图 3.1 中,如果 P 是样本(4.2,1.8),它的最近邻是 X_{17},如果采用最近邻算法它将被归为类别 3,如果采用 5 最近邻算法,可以看出,X_{17}、X_{16} 属于类别 3,X_8、X_7、X_{11} 属于类别 2,依据最主要类别原则,该样本应归类为类别 2。

3.2.2 改进的 k 最近邻算法(MkNN)

由于该算法考虑了 k 个最近邻居,因此该算法与 kNN 算法相似。唯一的不同就是 MkNN 算法根据它们与测试点的距离对这 k 个最近邻居进行了加权。因此该算法也称距离加权 k 最近邻算法。与每个邻居相对应的权值 w 定义如下:

$$w_j = \begin{cases} \dfrac{d_k - d_j}{d_k - d_1} & (d_k \neq d_1) \\ 1 & (d_k = d_1) \end{cases}$$

其中 $j = 1, 2, \cdots, k$。w_j 取值在最近邻居的最大值 1 与最远邻居的最小值 0 之间。计算权值 w_j 之后,MkNN 算法把测试样点 P 分配给 k 个邻居中代表各个类的点的权值之和最大的那个类。

可以看出 MkNN 算法用加权的服从多数准则代替了简单的服从多数准则,这意味着离群点对分类的影响更小。

【例 3.5】 考虑图 3.1 中的点 $P = (3.0, 2.0)$,五个最近邻居距 P 的距离分别是:

$$d(P, X_{16}) = 1.12, \quad d(P, X_7) = 1.13, \quad d(P, X_{14}) = 1.32$$
$$d(P, X_6) = 1.41, \quad d(P, X_{17}) = 1.41$$

w 的值为

$$w_{16} = 1$$
$$w_7 = \frac{(1.41 - 1.13)}{(1.41 - 1.12)} = 0.97$$
$$w_{14} = \frac{(1.41 - 1.32)}{(1.41 - 1.12)} = 0.31$$
$$w_6 = 0$$
$$w_{17} = 0$$

对每个类的权值求和,类 1 和为 0;X_6 和 X_7 属于类 2,和为 0.97;X_{16}、X_{14} 和 X_{17} 属于类 3,和为 1.31。因此,点 P 属于类 3。

有可能 kNN 算法和 MkNN 算法将同一个点分配给不同的类,下面的例子就是这种情况。

【例 3.6】 在图 3.1 中,当 $P = (4.2, 1.8)$ 时,5 个最近样点是 X_{17}、X_8、X_{11}、X_{16} 和 X_7。P 到这些样点的距离分别是:

$$d(P, X_{17}) = 0.83, \quad d(P, X_8) = 1.0, \quad d(P, X_{11}) = 1.02$$
$$d(P, X_{16}) = 1.06, \quad d(P, X_7) = 1.08$$

w 的值为

$$w_{17} = 1$$

$$w_8 = \frac{(1.08 - 1.0)}{(1.08 - 0.83)} = 0.32$$

$$w_{11} = \frac{(1.08 - 1.02)}{(1.08 - 0.83)} = 0.24$$

$$w_{16} = \frac{(1.08 - 1.06)}{(1.08 - 0.83)} = 0.08$$

$$w_7 = 0$$

对权值求和,类 1 和为 0;X_8、X_{11} 和 X_7 属于类 2,和为 0.56;X_{17} 和 X_{16} 属于类 3,和为 1.08。因此 P 分配给类 3。注意当用 $k=5$ 的 k 最近邻算法时,同样的点被分配给了类 2。

3.2.3 模糊 k 最近邻算法

在模糊 k 最近邻算法中,用到了模糊集的概念。模糊集里面的元素有一定的隶属度。在经典集合论中,一个元素要么属于一个集合,要么不属于该集合。在模糊集中,每个集合的元素都附有一个隶属度函数,该函数值在实数区间[0,1] 内。

在模糊 kNN 算法中,模糊集是 c 个类。每个样本属于一个带有隶属度值的类 i,这个隶属度值取决于该样本的 k 个邻居所在的类。

模糊 kNN 算法会找出测试点的 k 个最近邻,并给每个点对所有这些类分配一个类隶属度。一个新的样本 P 对类 i 的隶属度 $\mu_i(P)$ 表示为

$$\mu_i(P) = \frac{\sum\limits_{j=1}^{K} \mu_{ij}\left(\dfrac{1}{d\,(P, X_j)^{\frac{2}{m-1}}}\right)}{\sum\limits_{j=1}^{K}\left(\dfrac{1}{d\,(P, X_j)^{\frac{2}{m-1}}}\right)}$$

其中,μ_{ij} 给出了训练集中第 j 个向量的第 i 个类的隶属度。分配隶属度的一种方法是在它们已知的类中分配隶属度 1,其他类中分配隶属度 0。分配隶属度的另一种方法是以样本与所有类的平均值之间的距离为基础进行分配。这里 m 是一个常数,它的值由用户提供。

对于出现在 k 个最近邻居中的类,每个样本都有隶属度 1,而对于其他类,隶属度为 0。测试样本对每个类都有一个隶属度,而它最终被分配给隶属度值最高的那个类。

【**例 3.7**】 在图 3.1 给出的例子中,令 $P = (3.0, 2.0)$ 并且 $k = 5$,5 个最近邻居分别是 16、7、14、6、17。当考虑类 1 时,由于类 1 中没有样本,因

此 $\mu_1(P)$ 是 0。对于类 2，μ_{ij} 对样本 6 和 7 来说是 1，对 16、14 和 17 来说是 0。对于类 3，μ_{ij} 对样本 16、14 和 17 来说是 1，对 6 和 7 来说是 0。假设 $m=2$，得到

$$\mu_1(P)=0$$

$$\mu_2(P)=\frac{\dfrac{1}{1.414^2}+\dfrac{1}{1.131^2}}{\dfrac{1}{1.414^2}+\dfrac{1}{1.131^2}+\dfrac{1}{1.118^2}+\dfrac{1}{1.315^2}+\dfrac{1}{1.414^2}}=0.406$$

$$\mu_3(P)=\frac{\dfrac{1}{1.118^2}+\dfrac{1}{1.315^2}+\dfrac{1}{1.414^2}}{\dfrac{1}{1.118^2}+\dfrac{1}{1.315^2}+\dfrac{1}{1.414^2}+\dfrac{1}{1.414^2}+\dfrac{1}{1.131^2}}=0.594$$

因此，将样本 P 分配给类 3。

3.2.4　r 最近邻算法

除了关注最近邻居外，也可以关注位于与兴趣点相距一定距离 r 内的所有邻居。算法如下：

第一步：给定点 P，找出位于以 P 为球心、r 为半径的球内的数据子集，$B_r(P)=\{X_i\in X \text{ s.t. } \|P-X_i\|\leqslant r\}$。

第二步：如果 $B_r(P)$ 是空集，那么就输出在整个数据集合中占多数的类。

第三步：如果 $B_r(P)$ 非空，就输出在此范围内的数据点中占多数的类。

如果感兴趣点的最近邻居也离得非常远，那么这个邻居与该点的关系不大。正是出于这个逻辑得到了 r 最近邻算法。

该算法可以用来识别离群者。如果一个样本与选定范围内的样本没有太多相似之处，那么它就被当作离群者。半径 r 的选择对 r 最近邻算法来说非常重要。

【例 3.8】　在图 3.1 所示的例子中，在以点 $P=(3.0,2.0)$ 为球心、1.45 为半径的球内的点是 X_6、X_7、X_8、X_9、X_{14}、X_{16}、X_{17}。这些样本大多数属于类 2，因此 P 被分配给类 2。

3.3　最近邻算法在交易数据库中的使用

从科学实验或者对电信网络等物理系统的观察以及从市场交易等方

面收集的数据,被储存在交易数据库当中,它也被称作市场菜篮子数据,包含每一个消费者完成的交易。如果是超市数据,那么每一笔交易包含每一个消费者所买的商品。数据库中的每一笔交易可能大小不同。使用这些数据的目的是想看看交易中某些特定商品的出现能否用来推断其他商品的出现。换句话说,找出商品之间的关联关系是很重要的。这称为关联规则挖掘。为了简化和加速进程,只考虑经常出现的商品。选取一个可接受的最小值,低于这个值的商品被排除在外。这些交易数据库可以用2.1.5节中描述的 FP 树表示。

FP 树可以用来寻找交易数据库中测试样本的最近邻居,流程如下。

第一步:排除测试样本中低于最小值的商品。

第二步:根据它们在 FP 树中的顺序排列剩余商品。

第三步:从根节点开始,寻找包含测试样本中第一件商品的分支。如果存在,再寻找包含测试样本中第二件商品的分支,依此类推。如果商品不存在,那么从该点开始查看所有分支,找出包含的与测试样本相似的商品最多的分支,这个分支就是该样本的最近邻居。

【例3.9】 回顾第 2 章的例2.3,图2.7给出了表格2.1所表示的交易数据库的FP树。现在考虑一个样本 a、b、c、d、f、g、h、l、p。除去低于最小值的商品,得到 a、d、h、l、p。根据 FP 树中的条目重新排列这些样本,得到 l、a、d、p、h。从 FP 树的根节点 l 开始,如果比较测试样本中剩余的商品,可以得出它与 7 拥有最多的相似商品,因此它被归类为属于数字 7。

3.4 高效最近邻算法

最近邻分类方法是十分耗时的,尤其是在训练样本的数目很多的时候。为了克服这一缺点,研究者提出很多高效的算法以便快速地找出最近邻居。虽然它们中的许多算法都需要经过预处理步骤,因而需要额外的计算时间;但是不管待分类的测试向量的数目有多大,预处理步骤只需进行一次。预处理需要基于内设距离对数据原型进行初步整理,此外测试阶段还要应用三角不等式。这些可能需要花费大量的时间,但由于它只需要进行一次,因此从长远来看还是节约了时间。

3.4.1 分支定界算法

如果数据以有序的方式进行存储,可能不需要查看所有的点来寻找最近邻居。例如,如果数据以类似树形的数据结构来存储,由于可以得到比当前最佳值更大的距离处的下界值,就不必再向下搜索,于是对最近邻居的搜索就能更为有效地进行。数据被分簇形成代表集 S_j,其中每一组有尽可能小的半径。每个簇的中心为 μ_j,半径为 r_j。搜索完一个簇之后,找到距离兴趣点 P 最近的簇 X^*,令这段距离为 $d(P,X_j^*)=d$。于是可以计算出与其他簇的距离的下限。假设点 $X_k \in S_j$,由三角不等式可得

$$d(P,\mu_j) \leqslant d(P,X_k) + d(X_k,\mu_j) \leqslant d(P,X_j) + r_j$$

因此,任一点 $X_k \in S_j$ 与 P 点距离的下限 b_j 就可以计算出来,即

$$\min_{X_k \in S_j} d(P,X_k) \geqslant b_j = d(P,\mu_j) - r_j$$

而满足不等式 $b_j \geqslant d$ 的簇不需要被搜索。如果整个簇集内每个簇都有极其类似的簇结构,那么可以得到如下的递归算法。

第一步:把数据点分簇成 L 个集合 S_i,$i \in [1,L]$,这是第一级簇集。对每一个簇,中心为 μ_j,半径为 r_j。在每一个簇 S_i 内再把数据分簇成 L 个子簇 $S_{i,j}$,$i \in [1,L]$,中心为 $\mu_{i,j}$,半径为 $r_{i,j}$,这是第二级簇集。继续递归分簇直到有的簇中只有一个点。

第二步:找到一个新点 P 的最近邻居。

① 分支步骤。首先计算 b_j,然后找到簇中 b_j 值最小的最近邻居。如果簇中还有簇,那么递归进行此步骤。

② 定界步骤。如果簇不满足边界约束,那么就查看下一个 b_j 最高的簇;否则停止,输出结果。

可以看出,平均看来,与标准最近邻算法相比,分支定界算法有很大的改进。

【例 3.10】 以图 3.1 中的数据为例说明算法流程。工作流程如图 3.3 所示。点的分簇必须首先完成。把类 1 内的点作为一号簇,类 2 内的点作为二号簇,类 3 内的点作为三号簇。另外一号簇再细分为 1a 子簇和 1b 子簇,二号簇细分为 2a 和 2b 子簇,三号簇细分为 3a 和 3b 子簇。再下一级,每个点作为一个子簇。点的分簇如图 3.4 所示。

一号簇的中心是 $(1.0,1.0)$,半径是 0.283。 二号簇的中心是 $(4.11,3.0)$,半径是 0.369。 三号簇的中心是 $(3.62,0.72)$,半径是 0.528。假设点 $P = (3.0,2.0)$ 在第一级,则每个簇 j 的 b_j 就可以知道。$b_1 = d(P,\mu_1) - \gamma_1 = 1.953$。 同理,$b_2 = 1.125$,$b_3 = 0.894$。由于 b_3 最小,所以搜索类 3 的子簇。得到簇 3a 的中心是 $(3.4,0.533)$,半径是 0.401。簇 3b 的中心是 $(3.83,0.9)$,半径是 0.345。进一步可以得出 $b_{3a} = 1.12$,

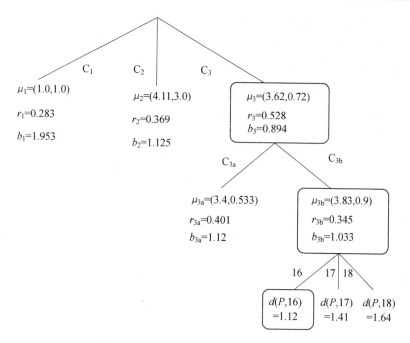

图 3.3　分支定界算法聚类的工作流程图

$b_{3b}=1.033$。因此，继续搜索簇 3 的第二个子簇，进而发现最靠近 P 点的点 16。由于点 16 到点 P 的距离是 1.12，因此计算出了边界 d。由于 b_1 和 b_2 都大于 d，因此就不必再搜索一号簇和二号簇，因而 X_{16} 最靠近点 P，它就是点 P 的最近邻居。

3.4.2　Cube 算法

在 Cube 算法中，预处理阶段，样本被投影到各坐标轴上，待检查的初始超立方体的边长被指定为 l。图 3.5 给出了二维平面中以 $P=(p_1,p_2)$ 为中心、l 为半径的正方形 C 以及它在两条坐标轴上的投影。通过以迭代的方式适当增加或减少 l 的值，很快就会找到精确包含 k 个点的超立方体。算法描述如下。

第一步：生成 $B_i(j)$ 和 $K_i(j)$，$i=1,\cdots,d$ 并且 $j=1,\cdots,n$，其中 d 是维度（或特征值）的数目，n 为样本的数目。B_i 是一个实数矩阵，包含特征 i 的 n 个有序数值。K_i 是一个整数索引矩阵，$K_i(j)$ 包含 $B_i(j)$ 所代表样本的索引。令整数矩阵 Z 包含 n 个元素，每个元素初始值为 1。

第二步：令 $P=(p_1,\cdots,p_d)$ 作为测试向量。

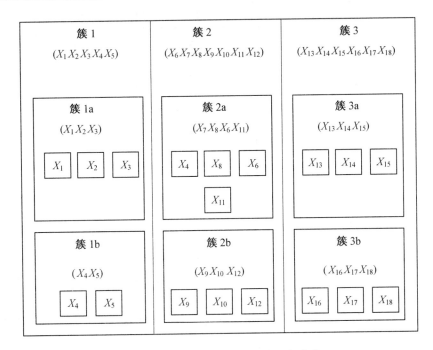

图 3.4 使用分支定界算法将节点聚类

第三步:对每个坐标轴 i,设定指向 A_i 中第一个元素位置的指针 $\text{ptr}_{i1} \geqslant p_i - \dfrac{l}{2}$;指向 B_i 中最后一个元素位置的指针 $\text{ptr}_{i2} \leqslant p_i + \dfrac{l}{2}$。

第四步:对每个坐标轴 i,从 $K_i(P_{1i})$ 开始到 $K_i(\text{ptr}_{i2})$ 结束按顺序遍历矩阵 K_i。在 K_i 的每一个位置,Z 矩阵中被该位置指向的单元内的元素左移一位。换句话说,在 K_i 的每一个位置,被该位置指向的单元的内容乘以 2。

第五步:记录矩阵 Z 中值为 2^d 的位置的数量,将该值赋给 L。这个数量给出了落在超立方体内的点。

第六步:如果 $L = k$,那么停止。如果 $L < k$(k 为所需邻居的数量),适当增大 l 的值。重置指针,只在 K_i 的新包含的单元内重复扫描和移位步骤,然后进入第四步。如果 $L > k$,适当减小 l。重置指针,只扫描 K_i 中新包含的单元,将 Z 中特定的单元向右移一位。然后进入第四步。

【例 3.11】 图 3.6 给出了一些二维点的集合。点 1、2、3、4、5 和 6 属于类 1,点 7、8、9、10、11 和 12 属于类 2。要求找出 P 的 k 个最近邻居,其中 $k = 5$。如果 l 值为 2,那么落在正方形中的点将会满足 $2 \leqslant p_1 \leqslant 4$ 和 $2 \leqslant p_2 \leqslant 4$。从图中可以发现有 3 个点落在了正方形中。然后将 l 增加 0.5,发

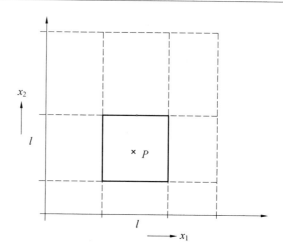

图 3.5 超立方体的投影

现有 5 个点落在了正方形中,这就给出了 5 个最近邻居。可以用这 5 个点中多数的类标签来作为点 P 的类标签。由于 4、5 和 6 属于类 1,7 和 9 属于类 2,即在这 5 个最近的样点中有 3 个属于类 1,2 个属于类 2。因此点 P 被分配到类 1。

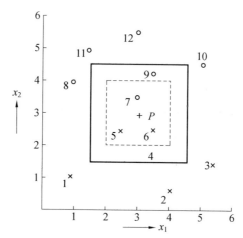

图 3.6 用 Cube 算法聚类的例子

Cube 算法需要更高的存储成本,它需要存储 N 个有序的特征值以及它们在每个坐标轴的索引,或者 $2dN$ 个字。处理时间包括 dN 字阵列的排序,此阵列需要进行 $dN \log N$ 数量级的比较。

3.4.3 投影最近邻算法

要寻找最近邻居有各种各样的投影算法可以用。在最简单的一维空间的情况下,如果集合内的点是有序的,可以通过在序列中定位 P 的位置来寻找 P 的最近邻居。寻找它的前驱和后继,通过最近的这两个点就可以给出它的最近邻居。

在二维空间情况下,根据第一坐标值可以把点按升序进行排序。为了找到 P 点的最近邻居,在排序后的第一坐标值列表中定位 P 的位置,然后搜索出 P 的最近邻居。

首先检查在 x 轴距离上离 P 更近的点,然后记住目前为止离 P 最近的点(称该点为 Q)。只要发现访问的任何其他点比 Q 离 P 更远,那么搜索过程就可以停止。特别地,如果在 x 方向只有 P 距要搜索的下一个点的距离大于 P 与 Q 之间的距离,那么搜索过程可以停止,Q 可以认为是 P 的最近邻居。这一过程如图 3.7 所示。

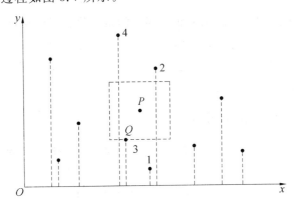

图 3.7 通过在 x 轴投影寻找最近邻居

用同时在 x 轴和 y 轴上投影代替仅在 x 轴上投影,可以改进这一搜索过程。现在同时在 x 轴和 y 轴上进行平行搜索。换句话说,第一步先在 x 轴上搜索,接下来在 y 轴上,第三步在 x 轴上,依此类推。任何一个轴上的搜索过程停止都将使整个搜索过程停止。图 3.8 给出了使用双轴投影寻找最近邻居的方法。

【例 3.12】 在图 3.1 给出的例子中,如果测试点 $P = (3, 2)$,所有的数据点都根据在 x 轴上的投影值被排列。按 x 轴上的值进行升序排列后为 X_{13}、X_{14}、X_{16}、X_7、X_9、X_6、X_{17}、X_{18}、X_8、X_{10} 等。这些点在 x 轴上的距离分别是 0.2、0.2、0.5、0.8、0.8、1.0、1.0、1.0、1.2 和 1.2。这些点按指定的距

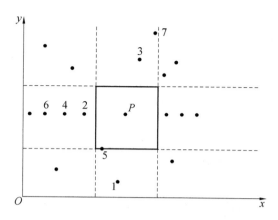

图 3.8　使用双轴投影寻找最近邻居

离排列,可以找到它们到 P 点的实际距离。对每个点来说,目前距 P 最近的点被存储。点 X_{13}、X_{14}、X_{16}、X_7、X_9、X_{15}、X_6、X_{17} 和 X_{18} 到 P 点的距离分别是 1.162、1.315、1.118、1.131、1.44、1.7、1.414、1.414 和 1.64。 从点 X_{13} 开始,检测点的实际距离并记录当前的最小值。当到达点 X_{16} 时,最小值变为 1.118。当到达点 X_{18} 时,最近点是距离为 1.118 的 X_{16}。下一个点 X_8 在 x 轴的距离是 1.2,比最近点 X_{16} 的实际距离大,因此不用再检查更多点,X_{16} 就是距离点 P 最近点。

3.4.4　有序拆分算法

在 d 维特征空间中,为了降低从 n 个样本中找出测试点的 k 个最近邻居的计算量,常用一种称为有序拆分方法的预处理技术。根据待测样本每个轴上的第一坐标值将其进行拆分,使得分区之间的排序特征被保存。分区(或分块)的宽度适中以使每个分区包含相同数目的样本点。

搜索从第 0 级开始,找出树的每个分支的距离的平方 r_l^2。距离以递归的形式定义如下:

$$r_l^2 = \begin{cases} r_{l-1}^2 + \min((x_l - a_l)^2, (x_l - b_l)^2) & (l \neq d) \\ r_{d-1}^2 + (x_d - a_d)^2 & (l = d) \end{cases}$$

在每一个等级 l,找出样点的距离平方 r_l^2。从本级距离最小的节点开始继续向下搜索。当找到最终节点时,记录并保存最小距离 d。其他等级的任何距离大于 d 的节点都不用再进行搜索。

这个过程将在固定的预期时间内找到 k 个最近邻居。

【例 3.13】　考虑下面的三维样点。

$X_1 = (1,1,1)$，$X_2 = (1.2,2.0,4.0)$，$X_3 = (2.0,1.5,3)$，
$X_4 = (2.5,3.0,5.0)$，$X_5 = (3.0,7.0,6.0)$，$X_6 = (3.5,2.5,3.5)$，
$X_7 = (4.0,6.0,2.5)$，$X_8 = (4.5,5.5,4.5)$，$X_9 = (5.0,1.5,2.0)$，
$X_{10} = (5.5,6.5,1.5)$，$X_{11} = (6.0,8.0,7.5)$，$X_{12} = (7.0,9.0,8.0)$

图 3.9 给出了数据首先根据一维进行分区，然后根据二维、三维进行分区的分区结果。

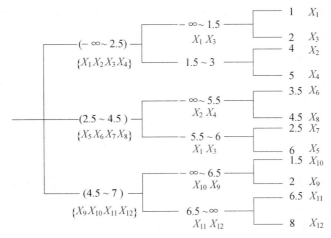

图 3.9　对数据用有序划分来寻找

　　如果点 $P = (7.0,7.0,7.0)$，搜索分区数据，首先选中最后一个分支，即一维数值在 4.5 到 7 之间的分支。从这里开始，选中二维方向上的 6.5 到 ∞ 所在的分支作为第二个分支。再向下，X_{11} 被选为距离 P 点最近的点。因此距离值为 $0 + 0.25 + 0.25 = 0.5$。二维方向上的另一个分支，也就是 $-\infty$ 到 6.5 也被检索，但是一维方向的其他两支没有被检索，这是因为第一级本身的平方距离就超过 0.5。这个距离对第一分支来说是 20.25，对第二分支来说是 6.25。因此 X_{11} 是距离 P 最近的点。

3.4.5　增量最近邻搜索算法

　　增量搜索算法通过消除冗余计算来更有效地寻找下一个最近邻居。n 个待测数据的集合被存储在一个 $k-d$ 树中。$k-d$ 树是一种二叉树结构，用来对 k 维数值进行存储和处理。$k-d$ 树的根节点代表包含数据集合的 k 维空间。每一个节点是一个子空间，包含了数据集合的子集合。通过垂直于 k 维坐标轴的一个轴的超平面将非终端节点分为两个子空间，从而给出该节点的两个子节点。选择超平面的位置，使每个子节点大约包含父节点

数据样本的二分之一。选择该判别轴的原则是沿着该轴方向父节点的数据最分散,包含了少于数据点门限值的子节点会成为该树的叶节点。$k-d$树中的叶节点是超容量的。图 3.10 给出了二维数据的$k-d$树结构。这里$k-d$树中每个叶节点表示为一个矩形。应用$k-d$树来实施最近邻居搜索的第一步是在由实验数据创建的$k-d$树中定位测试样本。按照树的降序,在空间上包含测试点的叶节点就被定位。找到叶节点中所有数据点离测试点的距离然后按升序进行排序。离测试点最近的数据点是该点最近邻居的可能候选者。该点离测试点的距离r是实际最近邻居距该点距离的上界。如果画一个以测试点为中心、r为半径的超球S_r,并且S_r完全被叶节点的超体积所封闭,那么只需要搜索叶节点内的点来寻找最近邻居即可。如果S_r不是完全包含在叶节点内,那么树就被升一级并且其他的子节点降一级。只有空间上与S_r相交的叶节点才会被考虑。再次计算这个叶节点内所有数据点距测试点的距离。只考虑这些距离以及在前序叶节点中计算的距离中最小的距离对应的数据点,用最近的点更新半径r的值。升级树和评估新数据点的过程一直持续到S_r被当前的无端节点所定义的空间完全封闭为止。

【例 3.14】 图 3.10 给出了由指定集合点得到的$k-d$树。点P的最近邻居在相同的叶节点和所画的圆中。由于此圆完全落在代表叶节点的正方形内,因此找到的点就是最近邻居。在点Q的例子中,圆同时包含其他的叶节点。因此为了找到最近邻居还需要搜索其他的叶节点。

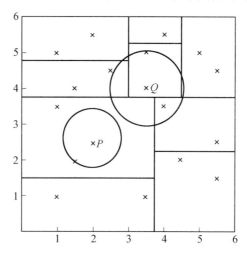

图 3.10 $k-d$树的构成以及寻找最近节点

3.5　数据约简方法

在监督性学习中,分类的有效性依赖于训练数据。更大的训练数据集可能带来更好的分类效果,但是需要更长的分类时间。而使用诸如神经网络或决策树等分类工具,只增加了设计时间。一旦设计完成,新样本的分类将会非常快。但是在基于最近邻准则的技术情况下,每个新样点都需要和所有的训练样本进行比较,使得每一个样本的分类时间很长。在这种情况下,缩减训练样本的数量无疑会使分类更快。这种缩减进行的前提是不牺牲分类的准确性。

另一个缩短分类时间的方法是特征选择,即缩减样本点的维数,这样就用到了提供良好的分类精度的特征子集。

令 $F = \{f_1, \cdots, f_d\}$ 为特征集合,把数据表示为 $\mathbf{R}^n$ 中的 d 维向量,令 $X = \{X_1, \cdots, X_n\}, X_j \in \mathbf{R}^n$ 为数据集合。与每一个 $X_j, j = 1, \cdots, n$ 对应的是选自集合 $C = 1, \cdots, c$ 的类标签。原型原则和特征选择以如下方式工作:对于原型选择,使用子集 $S_1 \subset X$ 代替 X;对于特征选择,使用 $S_2 \subset F$ 代替 F。特征选择已经在第 2 章中介绍了。原型选择在第 4 章进行介绍。

3.6　原型选择方法

给定一个样本集合,原型是能代表这个集合中大量样本的典型样本的那个样本,或者本身就是典型样本。例如,给定一个样本集合,该集合的中心就可以被称作集合原型。也可能找到多个原型来共同代表样本集合,而不是只有一个。原型选择实际上就是寻找样本或者样本集合来代表更大的样本集合。

尽管最近邻法则性能优越,但是它也有实际的劣势。最近邻算法的性能随着测试样本数量的增加而提高。然而,如果待测样本数量过于庞大,最近邻及相关技术的应用将需要每个测试样本与待测集合中的每个样本进行比较,也就是时间和空间需求随着待测样本数量的增加而线性增加。这样计算负担非常大,从而使这个方法对样本数量庞大的测试集合不再适用。而原型选择为这个问题提供了解决方案。

原型选择是指缩减用于分类的测试集合的过程,这意味着选择测试样本的代表子集或者选择基于测试样本的几个原型。

通常地,令 $\chi = \{(X_1, \theta_1), (X_2, \theta_2), \cdots, (X_n, \theta_n)\}$ 为给定的标记样本集合。原型选择指的是以下过程:从 χ 中获得 $\chi' = \{X^1, X^2, X^3, \cdots, X^k\}$ 以满足:

①$k < n$。

②χ' 是 χ 的子集,或者 $X^i, 1 \leqslant i \leqslant k$ 是从 χ 的样本中获得。

这种选择的实行必须保证分类的精确性没有显著降低。基于诸如分类精确性和原型数量等标准,必须选择最佳的原型集合。在进行选择之前必须回答的一个问题是需要选择多少个原型。

3.6.1 最小距离分类器(MDC)

一个简单的原型选择策略是使用最小距离分类器。每个类由样本平均或者类中所有样本的中心来代替。该方法只选择一个原型来代表一个类。如果 $X_{i1}, X_{i2}, \cdots, X_{iN}$ 是类 i 的 N 个待测样本,那么代表样本就是

$$C_i = \frac{\sum_{j=1}^{N} X_{ij}}{N}$$

为了将测试样本 P 进行分类,如果 C_k 是最靠近 P 的中心,那么它就被分配了类标签 k,其中 C_k 是代表样点。

MDC 的主要优势是时间复杂度为 $O(n + mC)$,其中 $O(n)$ 是计算中心所需的时间,$O(mC)$ 是搜索 m 个待测样本中最近中心点所需的时间,C 是类的数量。当这些类是正态分布的对角线协方差矩阵并且在不同方向的方差相同(各向同性的类)时,MDC 结果与最佳分类器相同。

【例 3.15】 根据图 3.1 给出的数据集合,训练集合包含类 1 中的 5 个样本、类 2 中的 7 个样本和类 3 中的 6 个样本。类 1 的中心可以由样本 X_1、X_2、X_3、X_4 和 X_5 的坐标平均值得到,中心是 $(1.0, 1.0)$。同样,类 2 的中心是 $(4.11, 3)$,类 3 的中心是 $(3.62, 0.72)$,如图 3.11 所示。

假设测试样点 P 位于 $(3.0, 2.0)$。为了找到 P 点所属的类,先计算出这 3 个类的中心距 P 点的距离。

类 1 的中心距 P 点的距离是 2.24。

类 2 的中心距 P 点的距离是 1.49。

类 3 的中心距 P 点的距离是 1.42。

由于 P 点距离类 3 的中心最近,根据 MDC 它被归类为类 3。

使用 MDC,只需计算 P 点到 3 个点的距离;而使用最近邻分类,需要计算 P 点到 18 个点的距离。一般来说,使用 MDC 需要计算 C 个距离,而

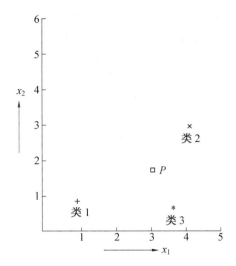

图 3.11　用 MDC 算法分类

使用最近邻分类需要计算 n 个距离。注意到在大规模的应用中 $C \ll n$。

原型选择方法可以根据以下标准进行分类。

（1）在待测集合中选择已经存在的原型的算法，即 $\chi' \subset \chi$。

（2）利用集合产生原集合中不存在原型的算法，即 $\chi' \not\subset \chi$。

有一点应该注意，如果训练集合中最近的样本被作为用该算法生成的一个原型，第二种类型就变成了第一种类型。

根据使用的算法类型，原型选择可以被分为三个类型。

① 第一个类型通过使用原型选择将待测集合（或者其中一部分）进行分类来找出训练样本的子集，称为凝聚算法。通过这些算法，在没有显著降低原始集合性能的情况下，获得了精简和相容的原型集合。

② 另一类算法是通过编辑去除"坏"的原型获得能提供更高性能的数据子集。

③ 第三类算法将待测样本分簇，然后使用能够代表每个簇的样本。

在本节将详细讨论前两种算法。

3.6.2　凝聚算法

虽然 MDC 是一种时间效率很高的分类器，但是当中心不能很好地代表这个类时，MDC 结果不是很好。

经常发生类是链状的向一个方向延伸或者两个或两个以上的类是同心的情况（这意味着不同的类拥有几乎相同的样本平均），如图 3.12 所示。在这种情况下，对每个类使用多于一个的代表样本可能更有意义。关于原型选择的一个最初的研究就是凝聚最近邻(CNN)法则。其他方法包括凝聚迭代算法(ICA)、缩减近邻算法(RNN)和改进凝聚最近邻算法。这些算法旨在通过确保凝聚集合与原集合一致来保留过程的完整性。这就意味着所有的原始集合在最近邻法则下能被凝聚集合准确分类。许多方法确保的是凝聚子集的一致性而不是最小性。事实上，对训练集合的初始顺序敏感的 CNN，可能用整个训练集合作为凝聚子集(尽管这种情况不太可能出现)。

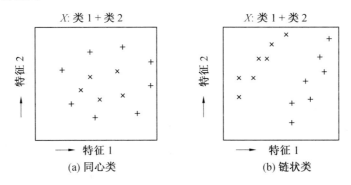

图 3.12　有同心类和链状类的例子

1. 凝聚最近邻算法

原型选择中首先使用并且最流行的一个方法是凝聚最近邻(CNN)算法。在此算法中，每一个单独的样本首先被放在凝聚集合中，然后考虑每一个样本并找到凝聚集合中它的最近邻居。如果它的类标签跟凝聚集合中这个样本的类标签一样，就忽略它；否则新样本就被包含到凝聚集合中。当一个通过测试样本后，在每一个待测样本被分类的地方，用已经形成的凝聚集合进行另一次迭代。除非没有样本再加入到凝聚集合中，否则迭代一直进行。在这个阶段，凝聚集合是一致的。算法如下：

令 Train 是 N 个样本对的集合，Train 为

$$Train = (X_1, \theta_1), (X_2, \theta_2), \cdots, (X_N, \theta_N)$$

每一对值由一个样本和它的类标签组成。将 Condensed 初始化为空集。

第一步：从 Train 中选择第一对并加入到 Condensed 中，令 Reduced 表示集合 Train − Condensed。

第二步：从 Reduced 中选择第一对，然后在选中的对中寻找 Condensed 中样本的最近邻居。如果最近邻居的类标签与选中样本的不同，将选中的样本加入到 Condensed 中，并将其从 Reduced 中删除。

第三步:重复步骤二直到 Reduced 为空。

第四步:令 Reduced＝Train－Condensed。重复步骤二和三。

第五步:两次成功地迭代步骤四后如果 Condensed(或 Reduced) 没有变化,那么停止;否则迭代步骤二、三和四。

【例 3.16】 考虑下面的训练样本集合,它们属于 3 个类。类 1 用"×"表示,类 2 用"。"表示,类 3 用"＋"表示。

$$X_1 = (1.0, 1.0, 1), X_2 = (1.0, 2.0, 1), X_3 = (1.5, 1.5, 1),$$
$$X_4 = (2.0, 2.0, 1), X_5 = (3.0, 2.0, 2), X_6 = (4.0, 2.0, 2),$$
$$X_7 = (4.0, 3.0, 2), X_8 = (5.0, 2.5, 2), X_9 = (2.0, 3.0, 3),$$
$$X_{10} = (3.0, 3.5, 3), X_{11} = (2.0, 4.0, 3)$$

数据集合如图 3.13 所示。

将这些样本按 X_1 到 X_{11} 的顺序应用到算法中。首先 X_1 被放到集合 Condensed 中。由于只有 X_1 在集合 Condensed 中,X_2、X_3 和 X_4 离 X_1 最近并且由于它们与 X_1 有相同的类标签,因此不进行任何操作。由于 X_5 与 X_1 的类标签不同,因此它被加入到 Condensed 中。现在用 X_6 跟 X_5 和 X_1 比较。由于它离 X_5 更近而且 X_5 的类标签与 X_6 的相同,因此不进行任何操作。X_7 和 X_8 也离 X_5 更近并且类标签相同故它们不用加到 Condensed 之中。X_9 离 X_1 的距离是 2.236,离 X_5 的距离是 1.414。因此在 Condensed 的所有样本中 X_9 离 X_5 最近。但是 X_9 与 X_5 的类标签不同,它被加入到 Condensed 中。现在 Condensed 的标签有 X_1、X_5 和 X_9。样本 X_{10} 和 X_{11} 离 X_9 最近因此不用加入到 Condensed 中。这样就完成了一次迭代。

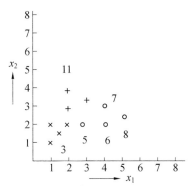

图 3.13　示例数据集

在第二次迭代中,X_2、X_3 离 X_1 最近,但有相同的类标签,因此不用加入到 Condensed 中。X_4 离 X_5 和 X_9 等距,为了打破平局,将 X_4 作为 X_5 的最近邻居。由于它与 X_5 的类标签不同,它被加入到 Condensed 中。X_6、X_7 和 X_8 离 X_5 最近,但是不被加入到 Condensed 中。样本 X_{10} 和 X_{11} 离 X_9 更近,但它们有相同的类标签,因此不用加入到 Condensed 中。

在下一次迭代中,由于 Condensed 不再发生变化,凝聚集合由样本 X_1、X_4、X_5 和 X_9 组成。

得到凝聚数据集合是一个耗时的过程,但是一旦它可用之后,与使用整个训练数据集合相比分类更加快速。CNN 算法擅长缩减待测数据集合的大小,但这是以损失分类精度为代价的。此外,CNN 也是依赖于顺序的。集合 Condensed 的大小和内容根据进入算法的训练样本的顺序不同而发生变化。

如果使用这个方法,在分类阶段会节省大量的计算开销,但生成凝聚集合的计算开销本身可能是非常大的,需要对两者进行折中。但是当涉及分类所需的设计时间而非在线时间时,此算法的效果就没那么显著。这个方法对输入的待测数据集合的初始顺序很敏感。生成的凝聚集合的大小和内容很可能随着顺序的不同而改变。

【例 3.17】　在图 3.14 中有 6 个点,点 1:(1,2)、2:(2,2)、3:(2,1) 属于其中一类,点 4:(2.7,2)、5:(4,2) 和 6:(4,1) 属于另一个类。如果数据的初始顺序是 1、2、3、4、5、6,那么凝聚集合中的点将是 1、4 和 2。如果初始顺序是 2、3、1、4、5、6,那么凝聚集合将只包括 2 和 4。这样两种情况下凝聚集合内容不同,大小也不同。

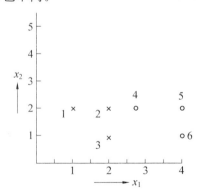

图 3.14　有 6 个点的示例数据集

2. 改进凝聚近邻算法

在任何问题中,尤其是高维问题,每个类的边界是很难确认的。改进凝聚近邻算法(MCNN)意图将一个类的区域分割成简单的无重叠的区域。这个过程以一个增量的方式进行。通过向一个有代表性的原型集合增加原型直到最后所有的待测样本用这个具有代表性的原型集合进行准确分类。在这个阶段,对每个类进行分割的区域被分解成近似 V 氏图区域。

$$R_j = \bigcup_{i=1}^{n} V_{ji} \quad (j=1,2,\cdots,c)$$

其中,n 是类 j 中的区域个数;类的总个数是 c。

在这个方法中,原型集合以增量的方式获得。该算法起始的基本原型集合由每个类中取一个样本组成,待测集合用这些原型进行分类。基于错误分类的样本,每个类确定一个具有代表性的原型加到基本原型组成的集合中。现在用扩展后的原型集合再次对待测样本进行分类。基于错误分类的样本重新确定每个类的代表原型。重复这个过程直到待测集合中的所有样本都准确分类。确定每个类中错误分类样本的代表样本也是以迭代的方式进行。

用来从一组样本中寻找单个代表性样本的方法取决于使用的数据集合,其中的一个简单的方法就是用中心作为这组样本的代表。当然,这对于具有相等和对角协方差矩阵的高斯分布的样本来说非常有效。如果类能被分割成具有以上特性的区域,也可以使用中心作为这组样本的代表。

MCNN 的算法步骤如下。

第一步:令待测样本作为集合 Train,令 Prototype $=\varnothing$,Typical $=\varnothing$。

第二步:在 Train 中寻找每个类的典型样本,把样本放进 Typical。

第三步:Prototype $=$ Prototype $\bigcup$ Typical。

第四步:用最近邻算法以 Prototype 对 Train 进行分类。

第五步:令 Sub-group $=\varnothing$,把错误分类的样本放入 Sub-group。

第六步:如果 Sub-group $=\varnothing$,则停止。Prototype 给出了最终选择的原型集合。

第七步:令 Typical $=\varnothing$,在 Sub-group 中寻找每个类的典型样本,并放入 Typical 中。

第八步:用 Typical 对 Sub-group 进行分类。

第九步:找到准确分类的样本。令 Sub-group $=\varnothing$,把正确分类的样本放入 Sub-group,如果还有错误分类的样本存在,则回到第七步。

第十步:到第三步。

找到典型样本的方法在第五 ~ 九步中已经给出。它们是在每个类中找出的来代表错误分类样本并对其进行分类。只有被正确分类的样本才被保留在 Sub-group 中。再次寻找典型样本。一直持续到当用典型样本对 Sub-group 中的样本分类时没有错误分类样本为止。

应用该算法,待测集合中错误分类样本的数目持续减少直到待测样本被凝聚集合正确分类为止(与 CNN 的情况一样)。

【例 3.18】　根据图 3.15 给出的例子,确定类 i 的中心 C_i,得到

$C_1 = (1.375, 1.625)$

$C_2 = (4.0, 3.0)$

$C_3 = (2.33, 4.0)$

C_1 离 X_3 最近,C_2 离 X_7 最近,C_3 离 X_{11} 最近。

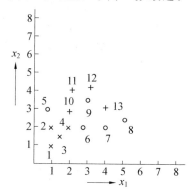

图 3.15　示例数据集

这样原型集合就是 X_3、X_7 和 X_{11}。如果待测集合用这个原型集合进行分类,那么所有样本除了 X_{10} 都能被准确分类,因为 X_{10} 离 X_7 和 X_{11} 等距。由于 X_7 在待测集合中出现得比 X_{11} 要早,如果 X_{10} 被分类为类 2,那么就被错误分类了。每个类中的错误分类样本被用来寻找要加入原型集合的典型样本集合。在每次迭代中,原型集合持续更新直到所有样本被正确分类。

与 CNN 算法不同,MCNN 算法不依赖于顺序,也就意味着无论数据集合内样本的顺序是什么样的,算法总给出相同的原型集合。尽管 MCNN 的设计时间要比 CNN 长,但是用这个方法得到的分类准确性非常好。

【例 3.19】　在 CNN 算法中,总是把数据集合中的第一个样本放到凝聚集合中。然后同一个类内的任何样本即使作为第一个样本也不会再被放进凝聚集合,只有遇到另一个类中的一个样本时,它才会被放进凝聚集

合。在此次迭代或者其他迭代中,随后放进凝聚集合的样本依赖于已经存在于凝聚集合的样本;所以,CNN 是一种依赖于顺序的算法。在 MCNN 算法中,对一个簇来说如果其平均就是其典型样本,那么平均就用所有样本来确定并且距离平均最近的样本被作为要放入凝聚集合的样本。这并不依赖于呈现给算法的样本的顺序从而使 MCNN 算法是顺序无关的。在图 3.16 中,如果离中心最近的点被作为典型样本,那么加到原型集合中的两个样本是 2 和 5。数据集合与顺序无关。最终的原型集合将是 2 和 5。

3.6.3 编辑算法

编辑算法除去离群的样本和类中的重叠部分,从而具有比初始集合更高的性能。编辑算法主要用分类准则估计分类误差并且丢弃分类错误的原型。通用的编辑方案如下:

(1) 使用误差估计器 ε 得到待测集合 S 在规则 δ 下的分类误差的估计,并令 R 为错误分类样本的集合。

(2) 令 $S = S - R$。

(3) 如果满足终止条件则终止,否则回到步骤(1)。

编辑后样本集合的性能取决于实行编辑的方式。一些编辑方法对待测集合进行分区得到两个独立的集合分别用来设计和测试。

编辑中的一种方法是找到每一个样本的 k 个最近邻居。如果它的类标签与它的 k 个最近邻居中大多数所属的类标签不同,就丢弃这个样本。

多重编辑是一种使用“扩散”和“混乱”准则的迭代过程,描述如下:

第一步:扩散 Diffusion。 将数据集合 S 随机分区成 N 个子集合 $S_1, \cdots, S_N$。

第二步:分类 Classification。 使用最近邻法则以 $S_{(i+1) \bmod N}$ 对 S_i 中的样本进行分类,$i = 1, 2, \cdots, N$。

第三步:编辑 Editing。 丢弃所有分类错误的样本。

第四步:混乱 Confusion。 汇总所有剩下的数据构成新的集合 S。

第五步:终止 Termination。 如果第三步没有产生任何编辑,那么得到最终结果并退出,否则回到第一步。

【例 3.20】 利用图 3.15 给出的数据集合,包括样本

$X_1 = (1.0, 1.0, 1)$,$X_2 = (1.0, 2.0, 1)$,$X_3 = (1.5, 1.5, 1)$,

$X_4 = (2.0, 2.0, 1)$,$X_5 = (1.0, 3.0, 2)$,$X_6 = (3.0, 2.0, 2)$,

$X_7 = (4.0, 2.0, 2)$,$X_8 = (5.0, 2.5, 2)$,$X_9 = (3.0, 3.5, 2)$,

$X_{10} = (2.0, 3.0, 3)$,$X_{11} = (2.0, 4.0, 3)$,$X_{12} = (3.0, 4.5, 3)$,

$$X_{13} = (4.0, 3.0, 3)$$

每一个三维点由 x 坐标、y 坐标和类标签组成,将这些点分为三组:

$$S_1 = (X_1, X_2, X_5, X_7, X_{12})$$
$$S_2 = (X_3, X_6, X_8, X_{10})$$
$$S_3 = (X_4, X_9, X_{13}, X_{11})$$

如果用 S_2 和 S_3 对 S_1 进行分类,那么错误分类的样本是 X_5 和 X_{12};如果用 S_1 和 S_3 对 S_2 进行分类,那么错误分类的样本是 X_6;如果用 S_1 和 S_2 对 S_3 进行分类,那么错误分类的样本是 X_9 和 X_{13}。

因此样本 X_5、X_{12}、X_6 以及 X_9 和 X_{13} 就被丢弃了。它的结果就是除去离群者并使类的边界更加分离然后趋向于一个线性边界。剩下的样本被保留下来,即

$$S_1 = (X_1, X_2, X_3, X_4, X_7, X_8, X_{10}, X_{11})$$

然后再次分为三组

$$S_1 = (X_1, X_4, X_{10})$$
$$S_2 = (X_2, X_7, X_{11})$$
$$S_3 = (X_3, X_8)$$

现在需要重复用 S_2 和 S_3 对 S_1 进行分类、用 S_1 和 S_3 对 S_2 进行分类、用 S_1 和 S_2 对 S_3 进行分类的过程。

3.6.4　聚类方法

可以通过以下方式获得给定数据集合的代表性样本:在多维空间选择高数据密度区域的簇,然后用类似于区域内数据中心这样的代表性点取代这个区域。聚类把样本细分为组,这样根据某些标准在相同组中的样本是相似的而不同组中的样本不同。聚类方法有很多种,将在第 9 章进行介绍。

【例 3.21】　图 3.1 中的样本可以被分为三簇,每一簇是一个类,如图 3.16 所示。如果一个簇的代表性样本是中心,那么簇 1 可以用点 $(1.0, 1.0)$ 来代表,簇 2 由点 $(4.11, 3)$ 代表,簇 3 由点 $(3.62, 0.72)$ 代表。

$$C_1 = (1.0, 1.0)$$
$$C_2 = (4.11, 3)$$
$$C_3 = (3.62, 0.72)$$

这些中心点可以用来代表这个类中的样本。假设有一个测试点 P 为 $(4.2, 1.8)$,距 3 个中心点的距离分别是

$$d(C_1, P) = 3.30$$

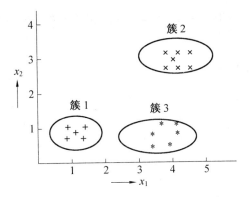

图 3.16　对图 3.1 中给出的模式聚类

$$d(C_2,P) = 1.20$$
$$d(C_3,P) = 1.23$$

根据最近邻法则,测试点 P 将被归类为类 2。

很可能每个类被分为多个簇,如图 3.17 所示。每个簇由一个典型样本代表。

6 个聚类的中心分别是

$$C_{11} = (1.0, 0.867), \quad C_{12} = (1.0, 1.2)$$
$$C_{21} = (3.8, 3.0), \quad C_{22} = (4.24, 3.0)$$
$$C_{31} = (3.43, 0.65), \quad C_{32} = (4.0, 0.85)$$

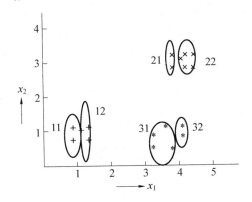

图 3.17　对图 3.1 给出的模式进一步聚类

测试点 P 到这些中心点的距离为

$$d(C_{11},P) = 3.33, \quad d(C_{12},P) = 3.26$$
$$d(C_{21},P) = 1.26, \quad d(C_{22},P) = 1.20$$
$$d(C_{31},P) = 1.38, \quad d(C_{32},P) = 0.97$$

由最近邻法则，P 离中心点 C_{32} 最近，因此和样本所在的聚类有相同的类标签，所以 P 属于类 3。

3.6.5　其他方法

CNN 方法之间也存在差异，比如算法略有不同或者使用不同的邻居概念，例如互近邻值。某些方法使用图上邻居节点的概念。

原型选择也可以应用随机技术。遗传算法可以用来寻找最佳的原型子集。在这个方法中使用了二进制染色体，其长度等于初始集合的样本数量。"1"表示相应的样例将会被加入到子集中，"0"表示相应的样例不被包含。用带有独立验证集的染色体得到的缩减集合所给出的分类准确度被用作适应性函数。遗传算法可以用来同时进行编辑和特征选择，其二进制串由 $n + d$ 个 bit 组成，其中 n 是待测样本的数量，d 是样本的维数。

模拟退火或者禁忌搜索算法都可以用来替代遗传算法，解决办法是针对编辑的由遗传算法描述的二进制串。对二进制串的评估也用相同的方式进行。

问 题 讨 论

最近邻分类直观看来很吸引人，也很有效。缺点表现在具体实现中，对于大量的测试数据需要相当大的计算时间和空间。为了减少计算时间，又提出了各种各样的方法，以在短时间内检索最近邻居。这些方法中有许多需要对待测集合进行预处理。本章讨论了最近邻分类器以及有效找到测试点最近邻居的各种方法。

原型选择形成了对待测集合的提取，通过用缩减的原型集合代替全部的待测集合来减少时间和存储需求。本章也讨论了各种原型选择的方法。

延伸阅读材料

Cover 和 Hart(1967)对最近邻算法很好地进行了阐述。Patrick 和 Fischer (1970)提出了 kNN 算法。MkNN 算法由 Dudani (1976)进行了恰当的描述，模糊 kNN 算法由 Jozwick(1983)进行了论述。

很多学者已经发表了一些论文，寻找有效的算法来找出一个样本的最近邻居。Fukunaga 和 Narendra (1975)阐述了用来寻找 k 个最近邻居的分支定界算法。Miclet 和 Dabouz (1983)对分支定界算法提出了改进。

Yunck (1976)通过将样本点投影到超立方体上来识别最近邻居。Friedman 等(1975)展示了如何用投影进行最近邻居搜索。Papadimitriou 和 Bentley (1980)分析了用投影法寻找最近邻居的算法。使用有序分区寻找最近邻居由 Kim 和 Park (1986)进行了描述。Broder (1990)描述了增量最近邻居搜索。Zhang 和 Srihari（2004）、McNames（2001）和 Lai (2007)等人发表了其他关于寻找最近邻居快速算法的论文。

作为最早原型选择算法之一的凝聚最近邻算法由 Hart (1968)提出。Devi 和 Murty (2002)提出了改进的凝聚最近邻算法。Dasarathy (1994)发现了最小一致集合（MCS）。Gates（1972）描述了简化最近邻算法。Gowda 和 Krishna (1979)用互相最近邻的概念来寻找原型集合。Sanchez (1995)提出了用来寻找原型的结构和使用近邻图。Kuncheva (1995)提出了用遗传算法来实行待测样本的编辑。Kuncheva 和 Jain (1999)使用遗传算法同时实行编辑和特征选择。Swonger (1972)给出了一种凝聚测试数据的算法。Dejiver 和 Kittler (1980)、Tomek (1976)和 Wilson (1972)使用编辑进行原型选择。Chang（1974）和 Lam、Keung 和 Ling（2002；2002)也发表了原型选择相关的论文。

习　　题

1. 给出一个数据集合的实例,该集合用 kNN 分类器给出的结果要比 NN 分类器好。请问有没有一种实例用 NN 分类器的处理结果要比 kNN 分类器的好?

2. 给出一个例子,使 MkNN 相比 kNN 分类器而言给出正确的分类。

3. 讨论 kNN 分类器的 k 值不同时的性能。给出一个例子,并展示当 k 不同时的结果。当 $k=n$ 时会发生什么?

4. 讨论 MkNN 分类器的 k 值不同时的性能。给出一个例子,并展示当 k 不同时的结果。

5. 用一个例子证明 CNN 算法是基于顺序的。

6. 给出一个例子使最小距离分类的结果很好;再给出一个例子使最小距离分类的结果很差。

7. 给定下面的集合,它们是对应于类 w_1 和 w_2 的二维向量。

w_1 w_2

$(1,0)$ $(0,0)$

$(0,1)$ $(0,2)$

$(0,-1)$ $(0,-2)$

$(0,-2)$ $(-2,0)$

(1) 绘出对应于最小距离分类的决策边界；

(2) 绘出对应于最近邻算法分类的决策边界。

8. 考虑二维样本的集合

$(1,1,1)$ $(1,2,1)$ $(1,3,1)$ $(2,1,1)$ $(2,2,1)$ $(2,3,1)$ $(2,3.5,1)$

$(2.5,2,1)$ $(3.5,1,1)$ $(3.5,2,1)$ $(3.5,3,2)$ $(3.5,4,2)$ $(4.5,1,2)$

$(4.5,2,2)$ $(4.5,3,2)$ $(5,4,2)$ $(5,5,2)$ $(6,3,2)$ $(6,4,2)$ $(6,5,2)$

每个样本由特征 1、特征 2 和类来代表。

① 如果测试样点 P 为 $(3.8,3.1)$，用最近邻算法找到 P 的类。

② 用 kNN 找到 P 的类，其中 $k=3$。

③ 用 MkNN 找到 P 的类，其中 $k=3$。

9. 考虑二维样本的集合

$(1,1,1)$ $(1,2,1)$ $(1,3,1)$ $(2,1,1)$ $(2,2,1)$ $(2,3,1)$ $(2,3.5,1)$

$(2.5,2,1)$ $(3.5,1,1)$ $(3.5,2,1)$ $(3.5,3,2)$ $(3.5,4,2)$ $(4.5,1,2)$

$(4.5,2,2)$ $(4.5,3,2)$ $(5,4,2)$ $(5,5,2)$ $(6,3,2)$ $(6,4,2)$ $(6,5,2)$

每个样本由特征 1、特征 2 和类来代表。找出两个类的中心,用最小距离分类找到 P 点 $(3.8,3.1)$ 的类。

10. 考虑二维样本的集合

$(1,1,1)$ $(1,2,1)$ $(1,3,1)$ $(2,1,1)$ $(2,2,1)$ $(2,3,1)$ $(2,3.5,1)$

$(2.5,2,1)$ $(3.5,1,1)$ $(3.5,2,1)$ $(3.5,3,2)$ $(3.5,4,2)$ $(4.5,1,2)$

$(4.5,2,2)$ $(4.5,3,2)$ $(5,4,2)$ $(5,5,2)$ $(6,3,2)$ $(6,4,2)$ $(6,5,2)$

每个样本由特征 1、特征 2 和类来代表。

① 用凝聚最近邻算法找出凝聚集。

② 如果先给出类 2 的样点,即给定集合为

$(3.5,3,2)$ $(3.5,4,2)$ $(4.5,1,2)$ $(4.5,2,2)$ $(4.5,3,2)$ $(5,4,2)$

$(5,5,2)$ $(6,3,2)$ $(6,4,2)$ $(6,5,2)$ $(1,1,1)$ $(1,2,1)$ $(1,3,1)$

$(2,1,1)$ $(2,2,1)$ $(2,3,1)$ $(2,3.5,1)$ $(2.5,2,1)$ $(3.5,1,1)$ $(3.5,2,1)$

用凝聚最近邻算法找出凝聚集。

11. 考虑在问题 8 中给出的数据集合,用改进凝聚最近邻算法找出凝聚集。

上 机 练 习

1. 实现最近邻算法。依据图 3.1 给出的数据集合用它给随机生成的几个测试样点分类。

2. 实现 kNN 算法。依据图 3.1 给出的数据集合用它给随机生成的几个测试样点分类。

3. 实现 MkNN 算法。依据图 3.1 给出的数据集合用它给随机生成的几个测试样点分类。

4. 使用 NN、kNN 和 MkNN 算法结合练习中 8、9、10 题给出的数据集合对随机生成的测试样本进行分类。

5. 使用 MDC 对练习中 8、9、10 题给出的数据集合进行分类。

6. 实现 CNN 算法。把它应用在练习中 8、9、10 题给出的数据集合，并对随机生成的测试样本进行分类。

7. 选一个大型的数据集合并分为样本数据和测试数据，用 NN、kNN 和 MkNN 算法结合样本数据对测试数据进行分类，在每种情况下，得到测试样本的分类准确性。

8. 选一个大型的数据集合并分为样本数据和测试数据，用 CNN 算法压缩数据，用压缩数据对测试数据进行分类并得出分类准确性。

9. 选一个大型的数据集合并分为样本数据和测试数据，用 MkNN 算法压缩数据，用压缩数据对测试数据进行分类并得出分类准确性。

本章参考文献

[1] A. J. Broder. Strategies for efficient incremental nearest neighbour search. *Pattern Recognition* 23(1/2)：171-178. 1990.

[2] C. L. Chang. Finding prototypes for nearest neighbour classifiers. *IEEE Trans. on Computers* C−23(11)：1179-1184. 1974.

[3] T. M. Cover，P. E. Hart. Nearest neighbor pattern classification. *IEEE Trans. on Information Theory* IT−13：21-27. 1967.

[4] Dasarathy，V. Belur. Minimal consistent set（MCS）identification for optimal nearest neighbour decision system design. *IEEE Trans. on Systems，Man and Cybernetics* 24(3). 1994.

[5] P. A. Dejiver，J. Kittler. On the edited nearest neighbour rule. *Pro-*

ceedings of the 5th International Conference on Pattern Recognition.
pp. 72-80. 1980.

[6] S. A. Dudani. The distance-weighted *k* nearest neighbor rule. *IEEE Trans. on SMC* SMC—6(4): 325-327. 1976.

[7] J. H. Friedman, F. Baskett, L. J. Shustek. An algorithm for finding nearest neighbours. *IEEE Trans on Computers* C—24(10): 1000-1006. 1975.

[8] K. Fukunaga, P. M. Narendra. A branch and bound algorithm for computing *k* nearest neighbours. *IEEE Trans. on Computers.* pp. 750-753. 1975.

[9] G. W. Gates. The reduced nearest neighbour rule. *IEEE Trans. on Information Theory* IT—18(3): 431-433. 1972.

[10] K. C. Gowda, G. Krishna. Edit and error correction using the concept of mutual nearest neighbourhood. *International Conference on Cybernetics and Society.* pp. 222-226. 1979.

[11] P. E. Hart. The condensed nearest neighbor rule. *IEEE Trans. on Information Theory* IT—14(3): 515-516. 1968.

[12] A. Jozwik. A learning scheme for a fuzzy *k*NN rule. *Pattern Recognition Letters* 1(5/6): 287-289. 1983.

[13] B. S. Kim, S. B. Park. A fast nearest neighbour finding algorithm based on the ordered partition. *IEEE Trans on PAMI* PAMI—8 (6): 761-766. 1986.

[14] L. Kuncheva. Editing for the *k* nearest neighbours rule by a genetic algorithm. *Pattern Recognition Letters* 16(8): 809-814. 1995.

[15] L. Kuncheva, L. C. Jain. Nearest neighbor classifier: Simultaneous editing and feature selection. *Pattern Recognition Letters* 20: 1149-1156. 1999.

[16] Lai, Z. C. Jim, Yi—Ching Liaw, Julie Liu. Fast *k* nearest neighbour search based on projection and triangular inequality. *Pattern Recognition* 40: 351-359. 2007.

[17] Mc Names, James. A fast nearest neighbour algorithm based on a principal axis search tree. *IEEE Trans.* on Pattern Analysis and *Machine Intelligence* 23(9): 964-976. 2001.

[18] L. Miclet, M. Dabouz. Approximative fast nearest neighbour recog-

nition. *Pattern Recognition Letters* 1: 277-285. 1983.

[19] C. H. Papadimitriou, J. L. Bentley. A worst-case analysis of nearest neighbour searching by projection. *Lecture Notes in Computer Science* 85: 470-482. 1980.

[20] E. A. Patrick, F. P. Fischer. A generalized *k* nearest neighbor rule. *Information and Control* 16: 128-152. 1970.

[21] J. S. Sanchez, F. Pla, F. J. Ferri. Prototype selection for the nearest neighbour rule through proximity graphs. *Pattern Recognition Letters* 18(6): 507-513. 1995.

[22] Devi, V. Susheela, M. Narasimha Murty. An incremental prototype set building technique. *Pattern Recognition* 35: 505-513. 2002.

[23] C. W. Swonger, Sample set condensation for a condensed nearest neighbor decision rule for pattern recognition. *Frontiers of Pattern Recognition*. 511- 519. 1972.

[24] I. Tomek. A generalization of the *k*NN rule. *IEEE Trans. on SMC* SMC—6(2): 121-126. 1976.

[25] I. Tomek. An experiment with the edited nearest neighbour rule. *IEEE Trans. on SMC* SMC—6(6): 448-452. 1976.

[26] Lam, Wai, Chi—Kin Keung, Charles X. Ling. Learning good prototypes for classification using filtering and abstraction of instances. *Pattern Recognition* 35: 1491-1506. 2002.

[27] Lam, Wai, Chi—Kin Keung, Danyu Liu. Discovering useful concept prototypes for classification based on filtering and abstraction. *IEEE Trans PAMI* 24(8): 1075-1090. 2002.

[28] D. L. Wilson. Asymptotic properties of nearest neighbour rules using edited data. *IEEE Trans. SMC* SMC—2(3): 408-421. 1972.

[29] Yunck, P. Thomas. A technique to identify nearest neighbours. *IEEE Trans. SMC* SMC—6(10): 678-683. 1976.

[30] Zhang, Bin, Sargur N. Srihari. Fast *k* nearest neighbour classification using cluster-based trees. *IEEE Trans. on Pattern Analysis and Machine Intelligence* 26(4): 525-528. 2004.

第 4 章　贝叶斯分类器

学习目标：

学习本章之后,你将：

①能够阐述贝叶斯理论。

②能够理解最小差错率分类。

③能够用朴素贝叶斯分类器将对象进行分类。

④能够理解贝叶斯置信网络如何工作。

在模式识别领域贝叶斯分类非常常见,因为它是最佳的分类器。贝叶斯分类器所得到的分类能最大限度地减小平均误差概率。贝叶斯分类器基于以下假设：事先知道类中样本的先验概率和分布等信息。它采用后验概率来分配一个测试样本的类标签；将具有最大后验概率的类标签分配给该样本。根据待分类的样本不同,分类器采用贝叶斯理论并使用似然值将先验概率转化为后验概率。在本章,将介绍一些与贝叶斯分类器相关的重要概念。

4.1　贝叶斯理论

令 X 是未知类标签的样本。令 H_i 为指定 X 属于哪个类的假设。例如,H_i 是一个样本属于类 C_i 的假设。假设 H_i 的先验概率 $P(H_i)$ 是已知的。为了给 X 分类,需要确定 $P(H_i \mid X)$,即得到样本 X 之后,H_i 发生的概率。

$P(H_i \mid X)$ 是以 X 为条件时 H_i 的后验概率,$P(H_i)$ 是 H_i 的先验概率,它是不考虑 X 的值时假设成立的概率。后验概率 $P(H_i \mid X)$ 是基于 X 和其他信息的,而先验概率 $P(H_i)$ 是在观测到 X 之前就得到的。

类似地,$P(X \mid H_i)$ 是 X 以 H_i 为条件时的概率。注意 $P(X)$ 被定义为 $P(X \mid H_i)$ 的加权组合,为

$$P(X) = \sum_i P(X \mid H_i) P(H_i) \tag{4.1}$$

贝叶斯理论非常有用,因为它提供了一种由 $P(H_i)$、$P(X)$、

$P(X \mid H_i)$计算后验概率$P(H_i \mid X)$的方法。这个方法是

$$P(H_i \mid X) = \frac{P(X \mid H_i) P(H_i)}{P(X)} \qquad (4.2)$$

【例4.1】 在咖啡店里,99%的消费者更喜欢咖啡,剩下的1%更喜欢茶。因此,$P($喝咖啡者$) = 0.99$,$P($喝茶者$) = 0.01$。在没有其他信息的情况下,可以把任一位消费者归类为喝咖啡者,误差概率只有0.01;这是因为把喝茶者也归类为喝咖啡者了。

如果还有额外的信息可以利用,会有更好的方法。下面的例子说明了这一点。

【例4.2】 假设路面潮湿H的先验概率是$P(H) = 0.3$,那么路面不潮湿的概率是0.7。如果只利用这些信息,那么判断路面不潮湿的将会更有利。对应的误差概率是0.3。

进一步假设下雨的概率$P(X)$是0.3。现在如果下雨了,需要计算路面潮湿的后验概率,也就是$P(H \mid X)$,可以用贝叶斯理论来计算。假设路面潮湿的原因有90%的概率是因为下雨,那么

$$P(\text{路面潮湿} \mid \text{下雨}) = \frac{P(X \mid H) P(H)}{P(X)} = \frac{0.9 \times 0.3}{0.3} = 0.9$$

这里,误差概率是0.1,这也就是下了雨而地面不潮湿的概率。

在这里,除了需要先验概率$P(H)$,还需要$P(X \mid H)$($P($路面潮湿 $\mid$ 下雨$)$)和$P(X)$(下雨的概率)的信息。

4.2 最小差错率分类器

一般来说,在模式识别中,对集合中所有样本的权概率误差所对应的平均误差感兴趣,而不是单个样本;其中权是每个样本对应的概率。类C的先验概率是$P(C)$,类C的后验概率是$P(C \mid X)$。利用待测样本,可以得到样本X和类C的后验概率$P(C \mid X)$。对于一个测试样本Y,可以得到类C的后验概率$P(C \mid Y)$。如果测试样本Y属于类C,那么误差概率是$1 - P(C \mid Y)$。可以看出,要减小误差,测试样本Y属于类C的概率$P(C \mid Y)$应最大。进一步说,最小误差率分类器特征如下:

考虑误差概率的期望,可以这样给出

$$\int_Y (1 - P(C \mid Y)) P(Y) \, dY$$

对于一个固定的$P(Y)$,当$P(C \mid Y)$对每一个Y来说取最大值时上面的期

望最小。假设样本数据是离散的,那么误差的平均概率(误差期望)为

$$\sum_{Y_i}(1-P(C\mid Y_i))P(Y_i) \tag{4.3}$$

【例 4.3】　假设蓝色、绿色和红色三个类的先验概率如下:

$$P(蓝色)=\frac{1}{4} \tag{4.4}$$

$$P(绿色)=\frac{1}{2} \tag{4.5}$$

$$P(红色)=\frac{1}{4} \tag{4.6}$$

这三个类分别对应于颜色为蓝色、绿色和红色的物体的集合。假设有三种类型的物体,分别是"铅笔""钢笔"和"纸",令这些物体为某一类的条件概率为

$$P(铅笔\mid 绿色)=\frac{1}{3};\quad P(钢笔\mid 绿色)=\frac{1}{2};\quad P(纸\mid 绿色)=\frac{1}{6} \tag{4.7}$$

$$P(铅笔\mid 蓝色)=\frac{1}{2};\quad P(钢笔\mid 蓝色)=\frac{1}{6};\quad P(纸\mid 蓝色)=\frac{1}{3} \tag{4.8}$$

$$P(铅笔\mid 红色)=\frac{1}{6};\quad P(钢笔\mid 红色)=\frac{1}{3};\quad P(纸\mid 红色)=\frac{1}{2} \tag{4.9}$$

考虑一个铅笔、钢笔和纸等概率的集合,可以用贝叶斯分类器来确定相应的类标签,如下:

$$P(绿色\mid 铅笔)=$$

$$\frac{P(铅笔\mid 绿色)P(绿色)}{P(铅笔\mid 绿色)P(绿色)+P(铅笔\mid 蓝色)P(蓝色)+P(铅笔\mid 红色)P(红色)} \tag{4.10}$$

概率为

$$P(绿色\mid 铅笔)=\frac{\frac{1}{3}\cdot\frac{1}{2}}{\frac{1}{3}\cdot\frac{1}{2}+\frac{1}{2}\cdot\frac{1}{4}+\frac{1}{6}\cdot\frac{1}{4}}=\frac{1}{2} \tag{4.11}$$

同理计算 $P(蓝色\mid 铅笔)$ 为

$$P(\text{蓝色} \mid \text{铅笔}) = \frac{\dfrac{1}{2} \cdot \dfrac{1}{4}}{\dfrac{1}{3} \cdot \dfrac{1}{2} + \dfrac{1}{2} \cdot \dfrac{1}{4} + \dfrac{1}{6} \cdot \dfrac{1}{4}} = \frac{3}{8} \qquad (4.12)$$

最后

$$P(\text{红色} \mid \text{铅笔}) = \frac{\dfrac{1}{6} \cdot \dfrac{1}{4}}{\dfrac{1}{3} \cdot \dfrac{1}{2} + \dfrac{1}{2} \cdot \dfrac{1}{4} + \dfrac{1}{6} \cdot \dfrac{1}{4}} = \frac{1}{8} \qquad (4.13)$$

这意味着将确定铅笔是"绿色"类里面的成员,因为其后验概率是 $\dfrac{1}{2}$,比其他类("蓝色""红色")的后验概率要大。"蓝色"和"红色"对应的后验概率分别是 $\dfrac{3}{8}$ 和 $\dfrac{1}{8}$,因此对应的误差概率 $P(\text{误差} \mid \text{铅笔}) = \dfrac{1}{2}$。同理,对钢笔,后验概率为

$$P(\text{绿色} \mid \text{钢笔}) = \frac{2}{3}; \quad P(\text{蓝色} \mid \text{钢笔}) = \frac{1}{9}; \quad P(\text{红色} \mid \text{钢笔}) = \frac{2}{9} \qquad (4.14)$$

这确定了钢笔属于"绿色"类,并且 $P(\text{误差} \mid \text{钢笔}) = \dfrac{1}{3}$。

最后,对纸,后验概率为

$$P(\text{绿色} \mid \text{纸}) = \frac{2}{7}; \quad P(\text{蓝色} \mid \text{纸}) = \frac{2}{7}; \quad P(\text{红色} \mid \text{纸}) = \frac{3}{7} \qquad (4.15)$$

基于这些概率,将"纸"归类于"红色"类,因为它有最大的后验概率。此时,误差概率 $P(\text{误差} \mid \text{纸}) = \dfrac{4}{7}$,平均误差概率为

$$\text{平均误差概率} = P(\text{误差} \mid \text{铅笔}) \times \frac{1}{3} + P(\text{误差} \mid \text{钢笔}) \times$$
$$\frac{1}{3} + P(\text{误差} \mid \text{纸}) \times \frac{1}{3} \qquad (4.16)$$

其结果为

$$\text{平均误差概率} = \frac{1}{2} \times \frac{1}{3} + \frac{1}{3} \times \frac{1}{3} + \frac{4}{7} \times \frac{1}{3} = \frac{59}{126} \qquad (4.17)$$

4.3　概率估计方法

在上面的讨论中,假设像 $P(\text{铅笔} \mid \text{绿色})$ 这样的概率是已知的。然而

在实际情况中,一般只有从不同类得出的模式的测试数据,需要从已知数据中估计这些概率。有几种方案可以估计这些概率,常用的两个方案是贝叶斯方案和最大似然方案。这里假设每个类的数据来自未知参数值的已知密度函数。贝叶斯方案更为通用,它假设待估计的参数是随机变量并且先验概率已知。

最大似然方案是一种简单常用的估计数据概率的方案,参数被认为是未知的确定性量。下面将讨论此方案,并用一个简单的例子来说明此方案。

【例 4.4】　假设有一个涉及两个类"C_+"和"C_-"的分类问题。进一步假设样本以 x 的形式做单个测量。令以 $x_1, x_2, x_3, \cdots, x_n$ 形式的 n 个样本为对应于两个类的数据;在这 n 个独立的样本中,令 n_+ 为来自"C_+"类的数量,n_- 为来自"C_-"类的数量,且 $n_+ + n_- = n$。从这些数据中,可以猜测这两个类的先验概率为

$$P(C_+) = \frac{n_+}{n} \tag{4.18}$$

$$P(C_-) = \frac{n_-}{n} = 1 - P(C_+) \tag{4.19}$$

相同的估计结果也可以通过最大似然估计获得。令 p 和 q 分别是类 C_+ 和 C_- 的先验概率。然后,由于这 n 个样本为独立的,应用二项分布,n 个样本中有 n_+ 个来自类 C_+ 的概率为

$$nC_{n_+} \, p^{n_+} q^{n-n_+} \tag{4.20}$$

这被称为似然值,可以通过使其最大化来估计 p 和 q 的值。在此过程中,可以忽略 nC_{n_+},因为对于 p 和 q 来说它是个常数。因 $p = 1 - q$,因此,只需最大化 $p^{n_+} (1-p)^{n-n_+}$,当 $p = \frac{n_+}{n}$ 时取得最大值。

最大似然估计方案即使是在处理连续随机变量的概率密度函数的情况下也是有效的。这里,假设概率密度函数的形式是已知的,并且参数值用最大似然方法进行估计。例如,假设 n 个一维样本是独立的,且来自于呈正态分布或高斯分布的类中,然后可以从下面的简单最大似然估计中估计平均值 μ 以及方差 σ^2

$$\mu = \sum_i \frac{x_i}{n} \tag{4.21}$$

$$\sigma^2 = \frac{1}{n} \sum_i (x_i - \mu)^2 \tag{4.22}$$

【例 4.5】　假设有两个类 C_+ 和 C_- 分别被样本集合 $\{1,2,3,4,5\}$ 和

$\{10,11,12,13,14\}$ 独立表示。假设两个类呈正态分布,则参数估计为

$$\mu_+=(1+2+3+4+5)\times \frac{1}{5}=\frac{15}{5}=3\,;\quad \mu_-=12 \qquad (4.23)$$

$$\sigma_+^2=\frac{10}{5}=2\,;\quad \sigma_-^2=2 \qquad (4.24)$$

4.4 与 NNC 方法的比较

当一个样本必须要用最近邻分类器进行分类时,以下做法是必要的:确定待测样点与每个类内每个样点的距离并把它分类为离它最近样点所在的那个类。在最小误差概率分类器中,必须要计算每个类的后验概率。通常,类的数量 $C \ll n$,其中 n 为样本的数量,因而最小误差率分类器速度快。对 NNC 方法来说没有设计时间;而对于最小误差率分类器来说,需要用样本集合计算每个类的后验概率。

应用最大似然估计,可以用待观测数据来估算参数。利用数据可以计算先验概率。如果与每个类相关的数据呈正态分布,那么每个类的数据可以由平均值和标准差来表示,而这些值可以通过数据来估算。对类 i 来说,如果有 N_i 个点,那么平均值为

$$\mu_i=\frac{1}{N_i}\sum_{j\in C_i}X_j$$

并且

$$\sigma_i^2=\frac{1}{N_i}\sum_{j\in C_i}(X_j-\mu_i)^2$$

继而有

$$\sigma_i=\sqrt{\frac{1}{N_i}\sum_{j\in C_i}(X_j-\mu_i)^2}$$

平均值和标准差的估计值可以代表类中的点集合。

【例 4.6】 使用例 4.5 中给出的数据,有以下的估计值:$\mu_+=2$;$\mu_-=12$ 以及 $\sigma_+^2=\sigma_-^2=2$。根据这些数值,利用下面的公式可以得到一些来自类"+"的 x 的似然值:

$$\frac{1}{2\pi\sigma_+}\exp^{-\frac{(x-\mu_+)^2}{\sigma_+^2}} \qquad (4.25)$$

可以使用这些似然值和先验概率来做决策。例如,现在假设有一个新的样点,x 值为 2。后验概率为

$$P(C_+ \mid (x=2)) = \frac{C_+ \text{ 中 } x=2 \text{ 的似然概率} \times P(C_+)}{x=2 \text{ 的似然概率}} \quad (4.26)$$

$$P(C_- \mid (x=2)) = \frac{C_- \text{ 中 } x=2 \text{ 的似然概率} \times P(C_-)}{x=2 \text{ 的似然概率}} \quad (4.27)$$

在两个表达式的右侧有相同的分母,决定将样本"2"分配给拥有较大分子的类。假设类 C_+ 和 C_- 有相同的先验概率,均为 $\frac{1}{2}$,当做决策时只需要使用似然值就可以。注意到当 $x=2$ 时 C_+ 和 C_- 的似然值分别为 $\frac{1}{2\sqrt{\pi}}$ 和 $\frac{1}{2\sqrt{\pi}}\exp^{-50}$。因此将样本 $x=2$ 分配给类 C_+。

4.5 朴素贝叶斯分类器

朴素贝叶斯分类器是在每个特征都假设为相互条件独立的情况下基于应用贝叶斯理论的一种简单的概率分类器。

4.5.1 基于朴素贝叶斯分类器的分类方法

将具有大量特征和类别的物体分类不容易,因为这需要大量的观测来估计概率。

朴素贝叶斯分类假设一个变量值对一个给定类的影响与其他变量值的影响相互独立,这个假设被称为类条件独立性。它被用来简化计算,在这种意义上,它被认为是朴素的。

这个假设相当苛刻以至于有时并不适用。比较分类算法的研究发现朴素贝叶斯分类在性能上与分类树和神经网络分类相当。当应用于大型数据库时它们同样表现出高精确性和高速率。

4.5.2 朴素贝叶斯概率模型

理论上,分类器的概率模型是一个条件模型

$$p(C \mid F_1, \cdots, F_n)$$

是建立在带有少量结果和类变量的相关类变量 C 以及以几个特征变量 F_1 到 F_n 的条件上。如果特征数量比较多或者当一个特征量可以取很多值时,用概率表来解决这样一个模型是不可行的。因此重新构建一个模型使问题更容易处理。

运用贝叶斯理论,上式可以写成

$$p(C \mid F_1, \cdots, F_n) = \frac{p(F_1, \cdots, F_n \mid C)\, p(C)}{p(F_1, \cdots, F_n)}$$

分母与 C 无关并且特征量 F_i 的值已知,因此分母是一个有效常数。分子就是联合概率模型

$$p(C, F_1, \cdots, F_n)$$

重复使用条件概率的定义,也可以重写为如下形式

$p(C, F_1, \cdots, F_n)$

$= p(C)\, p(F_1, \cdots, F_n \mid C)$

$= p(C)\, p(F_1 \mid C)\, p(F_2, \cdots, F_n \mid C, F_1)$

$= p(C)\, p(F_1 \mid C)\, p(F_2 \mid C, F_1)\, p(F_3, \cdots, F_n \mid C, F_1, F_2)$

$= p(C)\, p(F_1 \mid C)\, p(F_2 \mid C, F_1)\, p(F_3 \mid C, F_1, F_2)\, p(F_4, \cdots, F_n \mid C, F_1, F_2, F_3)$

应用朴素的条件无关假设,当 $i \neq j$ 时,特征量 F_i 与 F_j 是条件无关的,这也就意味着

$$p(F_i \mid C, F_j) = p(F_i \mid C)$$

因此联合模型可以如下表达

$$p(C, F_1, \cdots, F_n) = p(C)\, p(F_1 \mid C)\, p(F_2 \mid C)\, p(F_3 \mid C) \cdots p(F_n \mid C)$$

$$= p(C) \prod_{i=1}^{n} p(F_i \mid C)$$

这意味着在以上的无关性假设前提下,类变量 C 上的条件分布可以表达为

$$p(C \mid F_1, \cdots, F_n) = \frac{1}{Z} p(C) \prod_{i=1}^{n} p(F_i \mid C)$$

其中 Z 是只与 $F_1, \cdots, F_n$ 有关的比例系数,也就是说当特征值已知时 Z 是个常数。

这种形式的模型容易处理得多,因为它们适用类的先验概率 $p(C)$ 以及独立概率分布 $p(F_i \mid C)$。如果有 k 个类并且 $p(F_i)$ 的模型可以用 r 个参数表达,那么相关的朴素贝叶斯模型有 $(k-1) + nrk$ 个参数。实际上,通常 $k = 2$(二元分类)并且 $r = 1$(伯努利变量作为特征量),所以朴素贝叶斯模型的参数个数为 $2n + 1$,其中 n 为用来预测的二元特征量的个数。

4.5.3　参数估计

所有的模型参数(即类的先验值和特征量概率分布)可以由训练集合计算出来,这些是概率的最大似然估计。如果一个给定的类和特征值从不会同时出现在训练集合中,那么基于频率的概率估计为零。当一些概率与

之相乘时会使它们变为零。因此很有必要在所有的概率估计中加入小样本修正以使所有概率恰好不为零。通常用一个类中一个特征值的范围与所有类的特征值范围之比来计算特征值的概率分布。例如,考虑一个特征值只取值 0 和 1。在一个类中,特征值为 0 的样本的数量与类中所有样本的数量之比给出了类中特征值为 0 的概率。

【例 4.7】 训练集合包含了属于不同类的样例。一个特定类中样例个数与样例总个数之比给出了此特定类的先验值。用这种方式可以计算出每个类的先验值。

考虑下面的训练集合:

$$样例总数 = 100$$
$$类一中样例个数 = 40$$
$$类二中样例个数 = 30$$
$$类三中样例个数 = 30$$

因此

$$类一的先验概率 = \frac{40}{100} = 0.4$$

$$类二的先验概率 = \frac{30}{100} = 0.3$$

$$类三的先验概率 = \frac{30}{100} = 0.3$$

在类一的 40 个样例中,如果一个二元特征量取 0 的有 30 个样例,取 1 的有 10 个,那么这个类中此特征值为 0 的先验概率为 $\frac{30}{40} = 0.75$。

4.5.4 基于概率模型的分类器构建方法

朴素贝叶斯分类器将贝叶斯概率模型和决策规则相结合。一个通用的规则是选择最有可能的那个假设,这就是最大后验或者 MAP(maximum a posterior)决策规则。相应的分类器为定义如下的分类函数:

$$\mathrm{classify}(f_1, \cdots, f_n) = \underset{c}{\arg\max}\, p(C = c) \prod_{i=1}^{n} p(F_i = f_i \mid C = c)$$

尽管影响深远的独立性假设经常是不准确的,但是类的条件特征分布的分离意味着每一个分布都可以作为一个一维分布被独立估计。这有助于减缓维数灾难所产生的问题,例如对特征量呈指数级规模的数据集的需求。与所有在 MAP 决策规则下的概率分类器一样,只要正确的类比其他类的概率大就会到达正确的分类。因此类的概率没有必要估计得非常好。也就是说，整体的分类器有足够的鲁棒性来忽略朴素概率模型中的严重不足。

【例4.8】 考虑在第6章中，表6.5给出的例子。假设只有前10个样点在所述的数据集合中，此数据集合见表4.1。有一个新样点

厨师＝Sita，心情＝不好，烹饪方式＝欧氏

表4.1 示例训练数据集

厨师	心情	烹饪方式	味道
Sita	不好(Bad)	印式(Indian)	好(Yes)
Sita	好(Good)	欧氏(Continental)	好
Asha	不好	印式	不好(No)
Asha	好	印式	好
Usha	不好	印式	好
Usha	不好	欧氏	不好
Asha	不好	欧氏	不好
Asha	好	欧氏	好
Usha	好	印式	好
Usha	好	欧氏	不好

需要给这个实例分类为"味道＝好"或者"味道＝不好"。因为10个例子中有6个是"味道＝好"，则先验概率$p($味道＝好$)=\dfrac{6}{10}$，也就是0.6。先验概率$p($味道＝不好$)=\dfrac{4}{10}$，也就是0.4。有2个例子是"厨师＝Sita"并且"味道＝好"，0个例子是"厨师＝Sita"且"味道＝不好"。则在"味道＝好"条件下"厨师＝Sita"的概率是

$$p($厨师＝Sita $|$ 味道＝好$)=\frac{2}{6}=0.33$$

$$p($厨师＝Sita $|$ 味道＝不好$)=0$$

上式概率为0，如果它与其他概率相乘，那么这些概率也为0。为了避免这种情况，取一个小值，令其为0.01。

有2个例子是"心情＝不好"且"味道＝好"，3个例子是"心情＝不好"且"味道＝不好"。因此

$$p(心情 = 不好 \mid 味道 = 好) = \frac{2}{6} = 0.33$$

$$p(心情 = 不好 \mid 味道 = 不好) = \frac{3}{4} = 0.75$$

有 2 个例子是"烹饪方式 = 欧氏"且"味道 = 好",3 个例子是"烹饪方式 = 欧氏"且"味道 = 不好"。因此

$$p(烹饪方式 = 欧氏 \mid 味道 = 好) = \frac{2}{6} = 0.33$$

$$p(烹饪方式 = 欧氏 \mid 味道 = 不好) = \frac{3}{4} = 0.75$$

因此

$$p(味道 = 好 \mid X) = 0.6 \times 0.33 \times 0.33 \times 0.33 = 0.021\ 6$$
$$p(味道 = 不好 \mid X) = 0.4 \times 0.01 \times 0.75 \times 0.75 = 0.002\ 25$$

因为 $p(味道 = 好 \mid X) > p(味道 = 不好 \mid X)$,所以新样点被分类为"味道 = 好"类。

4.6 贝叶斯置信网络

贝叶斯网络(或置信网络)是一个表示概率的图形模型,用来表示一组变量及其概率依赖关系。贝叶斯网络是无环的有向图,它的节点代表变量,弧代表变量之间的条件依赖关系。贝叶斯网络可以使用高效的算法进行推理和学习。处理变量序列(例如语音信号序列或蛋白质序列)的贝叶斯网络被称为动态贝叶斯网络。能代表和解决不确定性条件下的决策问题的贝叶斯网络称为影响图。

如果有一条弧从节点 A 到另一个节点 B,那么 A 称为 B 的母节点,B 则是 A 的子节点。parents(X_i) 表示节点 X_i 的母节点集。当节点值的联合分布可以写为每个节点和其母节点的局部分布的乘积时,那么这个有向无环图可以称为关于一组变量的贝叶斯网络:

$$P(X_1, \cdots, X_N) = \prod_{i=1}^{n} P(X_i \mid \text{parents}(X_i))$$

如果节点 X_i 没有母节点,其局部概率分布是无条件的;如果节点 X_i 有母节点,其局部概率分布是有条件的。如果一个节点的值已知,那么它可以被称为一个证据节点。

每个变量拥有一个条件概率表,表示相对于其父节点的不同的值时此变量的条件概率。$P(X_1, \cdots, X_N)$ 的值可以很容易地通过条件概率表计算

出来。

【例 4.9】 Ram 是一个学生,喜欢去看电影。如果他口袋里有钱就会在晚上去剧院;如果下雨,他就不去剧院。Ram 不去看电影时,就待在家里看电视,也会花一些时间来学习。

图 4.1 给出了这种情况的置信网络。所涉及的变量有:

Ram 口袋里有钱(M);

下雨(R);

Ram 去看电影(G);

Ram 学习(S);

Ram 看电视(T)

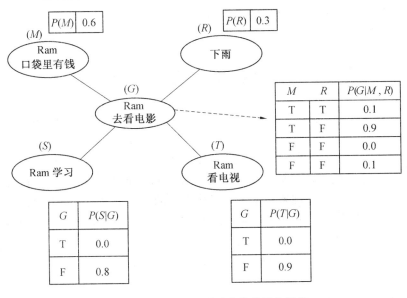

图 4.1 Ram 一晚上活动安排的置信网络

每个变量有一个条件概率表。变量 M 和 R 不受任何因素的影响,所以这些变量的条件概率表只有一个值,$P(M)$ 和 $P(R)$。G 的条件概率表显示当给定 M 和 R 的值时 G 的概率,如 $P(G|M,R)$。变量 S 和 T 受 G 的影响。S 和 T 的条件概率表给出了 $P(S|G)$,$P(T|G)$。

令 $\overline{A}$ 表示与 A 相反的命题。那么,如果想知道不下雨,Ram 没有钱,Ram 去看电影,而且不看电视的概率,需要得到 $P(\overline{R},\overline{M},G,\overline{T})$,即

$$P(\overline{R},\overline{M},G,\overline{T}) = P(\overline{R}) \times P(\overline{M}) \times P(G|\overline{R},\overline{M}) \times P(\overline{T}|G)$$

这些值可以直接从条件概率表得到,所以

85

$$P(\bar{R},\bar{M},G,\bar{T}) = 0.7 \times 0.4 \times 0.1 \times 1.0 = 0.028$$

可以看出,变量的任何组合的概率 $P(X_1, X_2, \cdots)$ 都可通过置信网络的条件概率表计算出来。

问 题 讨 论

本章向读者介绍了当模式属于某一类的概率已知时的模式分类。最小错误率分类器将一个模式分类到它的后验概率最高的类中。朴素贝叶斯分类器假设所有特性都不相关而 $P(F \mid C)$ 是 $P(F_i \mid C)$ 的乘积。朴素贝叶斯分类器的一个重要属性是它可以很简单地估计概率,可以使用较少的训练模式成功地估计出相关概率。置信网络可以用于寻找适用于模式分类的一些概率。

延伸阅读材料

Duda 等关于模式分类的书(2001)是一本著名的在贝叶斯决策理论和贝叶斯分类器方面的优秀资料,涵盖了一些其他相关主题,如贝叶斯和最大似然估计准则。另一本有趣的书是 Russell 和 Norvig 的人工智能(2003),很好地阐述了概率推理并包括了贝叶斯网络的讨论。Domingos 和 Pazzani(1997)详细解释了贝叶斯分类器的工作原理。Rish 的关于朴素贝叶斯分类器(2001)的论文内容非常丰富。Pearl(1988)的讨论概率网络的书是一本早期并经典的资料。

Heckerman(1999)很好地介绍了学习贝叶斯网络并给出了一些有效的学习方案。Neapolitan (2003)写了一本关于学习贝叶斯网络的书。Tan 等(2007)关于数据挖掘的书使用一个简单的方式讨论朴素贝叶斯分类器。Bishop (2003)的书在贝叶斯技术一章中讨论了很多与贝叶斯学习相关的重要问题。

习 题

1. 根据 4.2 节中的例 4.3,计算笔和纸为"绿色""蓝色"和"红色"的后验概率,得到 $P(误差 \mid 钢笔)$ 和 $P(误差 \mid 纸)$。

2. 证明当 $p = \dfrac{n_+}{n}$ 时,$p^{n_+}(1-p)^{n-n_+}$ 取得最大值。(提示:可以最大化

函数的对数,因为对数是单调函数)

3.有一个均匀的硬币在扔硬币时正反面出现的先验概率均为0.5。如果扔四次硬币的结果分别为正、正、反、正,求正、反面各自出现的概率。

4.根据式(4.21)和(4.22)给出的正态分布的均值和方差的最大似然估计,计算下面两个类中的数据的均值和方差。

类1:1,2,3,4

类2:7,8,9

5.考虑下面的数据集:

特征1	特征2	特征3	类
0	0	0	0
1	0	1	1
1	0	0	0
1	1	1	1
0	1	1	1
0	1	1	0

如果使用一个测试模式使特征1为0,特征2为0,特征3为1。请采用NNC和贝叶斯分类器对该模式进行分类。

6.根据图4.1的贝叶斯置信网络。加入另一个变量"有考试"。这个变量可以怎样加入到置信网络中? 写出所有变量的条件概率表的估计值。

7.使用朴素贝叶斯分类器给例4.2中的测试模式分类。

8.假设有一个卖花的女人,她卖花的收入与花的新鲜程度相关。此外,在节日来临前夕,她的利润会增加。另一方面,每月底,大多数人都不买花。当她赚够足够的钱时,她会做一顿丰盛的晚餐。

根据上述条件绘制置信网络并给出所有变量的条件概率表。使用条件概率表中的信息,计算在花新鲜的条件下,该女子做一顿丰盛的晚餐的概率。

上 机 练 习

1.有分布为$N(0,1)$和$N(5,1)$的两个类。对于每个类,生成5个模式并使用这些模式的最大似然估计方案估计这两个正态分布类的均值和方差。将每类的模式数从 5 个增加到 50 个,估计均值和方差。能够推断出什么? 当每类模式的数目增加至 500,会发生什么?

2. 写一个程序,用以计算在练习 1 中的后验概率,已知先验概率相等。若分类的模式在 0 到 10 之间,它们是如何分类的?

3. 写一个使用朴素贝叶斯分类器进行分类的程序,生成一个三维数据集并运行该分类器。观测数据集维数增加时发生了什么? 将每个类增加至 50 并估计其均值和方差。

本章参考文献

[1] R. O. Duda, P. E. Hart, D. G. Stork. *Pattern Classification*. Second Edition. Wiley—Interscience. 2001.

[2] S. Russell, P. Norvig. *Artificial Intelligence : A Modern Approach*. Pearson India. 2003.

[3] P. Domingos, M. Pazzani. On the optimality of the simple Bayesian classifier under zero — one loss. *Machine Learning* 29: 103-130. 1997.

[4] J. Pearl. *Probabilistic Reasoning in Intelligent Systems*. Morgan Kauffman. 1988.

[5] I. Rish. An empirical study of the naive Bayes classifier. *IJCAI Workshop on Empirical Methods in Artificial Intelligence*. 2001.

[6] D. Heckerman. Bayesian networks for knowledge discovery. In *Advances in Knowledge Discovery and Data Mining* edited by U. M. Fayyad, G. P. Shapiro, P. Smyth, and R. Uthurusamy. MIT Press. 1996.

[7] P. N. Tan, M. Steinbach, V. Kumar. *Introduction to Data Mining*. Pearson India. 2007.

[8] R. E. Neapolitan. *Learning Bayesian Networks*. Upper Saddle River, NJ: Prentice Hall. 2003.

[9] C. M. Bishop. *Neural Networks for Pattern Recognition*. New Delhi: Oxford University Press. 2003.

第5章　隐式马尔可夫模型

学习目标：

阅读本章之后，你会：

（1）理解马尔可夫模型，理解与马尔可夫模型相关的参数，并能够使用这些参数计算相关概率。

（2）学会使用隐式马尔可夫模型解决以下三个问题：

①计算一个特定的观测序列发生的概率。

②找出使观测序列和状态序列的联合概率最大的输入序列。

③找出使观测序列的概率最大化的 HMM 参数。

（3）了解如何使用马尔可夫模型进行分类。

隐式马尔可夫模型（HMM）在模式识别中很重要，因为它们非常适合于进行模式的分类，其中每个模式是由一系列子模式组成的。例如，假定一天可能是晴天、阴天或雨天三种不同类型的天气状况，那么夏季的某一周可以表示为晴天、晴天、晴天、晴天、晴天、晴天、晴天，这表示这一周的每一天都是晴天。而一周内每一天都是雨天则可以表示为雨天、雨天、雨天、雨天、雨天、雨天、雨天。

在这个例子中，假设一周的天气模式可由七天的子模式组成。尽管理想情况下，夏季的一周可以有七个连续晴天，但在现实中，情况可能会有所变化。例如，夏季期间有几天也可能会阴天或下雨。

用 S 表示晴天，C 表示阴天，R 表示雨天。那么，每一周可以表示为一个含有 7 个符号的序列，其中每一个符号可以是 S、C 或者 R。这里，对于任何两个连续的日子里，有第一天的一个符号到第二天的符号的过渡。这种从一个状态到另一个状态的过渡可以用概率表示。例如，在夏季更容易发生从 S 到 S 的转换。另一方面，在雨季更容易发生从 S 到 R 的转换。

HMM 可以用来表示模式的类，其中每个模式是一组状态的序列。有时实际状态是隐藏的，只其概率变化可以被观测到。例如，人们可能会被锁在一个房间里，并不能看到外面是晴天、阴天或雨天，但也许能够看到访客是否携带雨伞或者听到雨水打在地面或房子上的声音。根据这些观测结果,可以得出每个类的 HMM,并根据这些模型进行分类。

通常,HMM 模型在语音识别和说话人识别任务中被广泛使用。在这里,一个语音信号被看作是一个音素序列,不同的话语将具有不同的音素/符号序列。HMM 模型还有其他一些重要的应用包括在生物信息学中识别蛋白质和 DNA 序列的子序列。本章介绍一些与 HMM 相关的重要概念。

5.1 面向分类的马尔可夫模型

在马尔可夫模型中,从一个状态,基于转移概率经历一系列的状态。每个状态都可以直接观测。阐述这个概念的方法很多,下面从一个简单的抛硬币的情况说起。假设有两枚不同的有偏差硬币;第一枚硬币,即硬币1,偏向正面,而第二枚硬币,即硬币2,偏向背面。令 H 表示正面,T 表示反面。现在假设分别抛十次硬币并记录结果

硬币 1:HHHTHHHHTH　　硬币 2:TTTHTTHTTT

其后,让其中一枚被随机掷六次,所获得的序列是 HHHHTH ,是否可以预测使用的是硬币 1 还是硬币 2 呢?这是一个二类分类问题。

通过简单观测序列 HHHHTH,可能会得出结论认为使用的是硬币1,因为硬币 1 是偏向正面的。但是也有可能这个序列是抛硬币 2 产生的,只是概率较低。通过例 5.1 来说明。

【例 5.1】 每个硬币的正面或背面出现的概率见表5.1。

表 5.1　每个硬币的正面或背面出现的概率

硬币	正面的概率/H	背面的概率/T
硬币 1	0.9	0.1
硬币 2	0.1	0.9

①扔六次硬币 1 生成序列 HHHHTH 的方法。第一次抛出 H 的概率为 0.9,第二、第三和第四次抛出 H 的概率也分别为 0.9。第五次抛硬币 1,得到 T 的概率为 0.1,最后第六次产生 H 的概率为 0.9。因此,抛六次硬币 1 生成序列 HHHHTH 的概率为

$$P_1(\mathrm{HHHHTH}) = (0.9) \times (0.9) \times (0.9) \times (0.9) \times (0.1) \times (0.9)$$
$$= 0.059\,049 \approx 0.06 \tag{5.1}$$

②考虑扔六次硬币 2 生成序列 HHHHTH 的方法。第一次抛出 H

的概率为 0.1,第二、第三和第四次抛出 H 的概率也分别为 0.1。第五次抛硬币 2,得到 T 的概率为 0.9,最后第六次 H 的概率为 0.1。因此,抛六次硬币 2 生成序列 HHHHTH 的概率为

$$P_2(\text{HHHHTH}) = (0.1) \times (0.1) \times (0.1) \times (0.1) \times (0.9) \times (0.1)$$
$$= 0.000\ 009 \approx 0.000\ 01 \tag{5.2}$$

上述两个概率表明,即使用硬币 1 和硬币 2 产生序列 HHHHTH 的概率都不为零,使用硬币 1 得出这个序列的可能性是硬币 2 的 6 000 倍。在本章的结尾处将讨论例 5.1 的更多变种。

下面给出另一个例子。在例 5.2 中,考虑一个显示 3×3 的字符的数据集。在实际中,由于扫描图像时信号处理系统不同,印刷或手写字符的大小可以更大(例如,64×64 或 128×128 甚至 200×100)。

【例 5.2】 表 5.2 中是大小为 3×3 的两个字符。

注意左边的字符是"1",而右边的字符是"7"。对于第一个数字 1,第一行是"001",这个状态称为 S_1。剩下的两行,与第一行相同。所以,数字 1 的状态分别为 S_1、S_1、S_1。同样,对于右侧的数字 7,第一行是"111",接下来是"001"和"001"。令"111"为 S_2,数字 7 的状态分别为 S_2、S_1、S_1。

表 5.2　字符"1"和"7"

0	0	1		1	1	1
0	0	1		0	0	1
0	0	1		0	0	1

相应的状态转换图如图 5.1 所示,出现这样简单的状态转换图是由分类的性质决定的。在本例中,每个数字由一个 3×3 的二进制像素值矩阵表示。在数字 1 的情况下,序列的三个状态是 S_1、S_1、S_1;而在数字 7 的情况下,序列是 S_2、S_1、S_1。这里,每个数字有三行,每行表示一个状态。也可以根据列查看状态转换,这时每一列对应一个状态,详见习题 2。

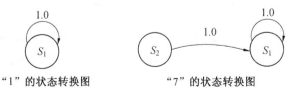

"1"的状态转换图　　　　　　　"7"的状态转换图

图 5.1　数字"1"和"7"的状态转换

可以使用这个简单的模型解决各种问题。为了达到这一目的,需要引

入一些假设。

1. 一阶马尔可夫假设

让状态转换发生在时间 t_1，t_2，$\cdots$。将 t_i 时的状态表示为 S_{t_i}。在 t_1 时刻，状态为 i；在 t_2 时刻，状态转换为 j。现在，估计在 t_3 时刻状态转换为 k 的概率

$$P(S_{t_3}=k \mid S_{t_2}=j, S_{t_1}=i) = P(S_{t_3}=k \mid S_{t_2}=j) \qquad (5.3)$$

这里做了一个简化的假设：一阶马尔可夫假设，即 t_n 时刻的状态 S_{t_n}，只与 t_{n-1} 时刻的状态 $S_{t_{n-1}}$ 有关。这表示在式（5.3）中，当 t_2 的状态已知时，预测 t_3 的状态时不需要知道 t_1 的状态。

2. 平稳性假设

在一般情况下，从一个状态到另一个状态的转换取决于转换发生的时间，这需要一个矩阵来分别表示每个时间的转移概率。为了简化问题，下面的平稳性假设是指状态转换概率不随时间变化。

$$P(S_{t_n}=i \mid S_{t_{n-1}}=j) = P(S_{t_{n+l}}=i \mid S_{t_{n+l-1}}=j) \qquad (l \geqslant 0) \qquad (5.4)$$

下面引入另一个例子，此例子是关于电视上的四个体育频道的。

【例 5.3】 考虑从四个体育频道（ESPN、DD 体育、Star 体育和 Zee 体育）中选台的情况，假设每个台被选中观看了 1 h。从一个频道到另一个频道的转移概率见表 5.3。在一般情况下，状态转换取决于转换发生的时间。例如，从 Zee 体育到 DD 体育的转换更容易发生在下午 4 时而不是早上 6 时。然而，为了简单起见，假设转换的概率不随时间变化。

表 5.3 频道转换的概率

频道	ESPN(E)	DD 体育(D)	Star 体育(S)	Zee 体育(Z)
ESPN(E)	0.4	0.3	0.2	0.1
DD 体育(D)	0.2	0.5	0.2	0.1
Star 体育(S)	0.1	0.2	0.6	0.1
Zee 体育(Z)	0.1	0.1	0.1	0.7

假设在 t_1 时刻，显示的频道为 Zee 体育(Z)，而在 t_2 时刻，转换为 DD 体育(D)。尝试预测在 t_3 时刻频道转换为 Z 的概率。考虑与此问题有关的一些细节。

状态（频道）

1. ESPN(E)

2. DD 体育(D)

3. Star 体育(S)

4. Zee 体育(Z)

状态转换矩阵

如前面所提到的,假设的平稳性成立,即转移概率可以用一个状态转移概率矩阵来表示,见表 5.3。表中每一行的和为 1,这是因为在转换过程中,是从当前状态转换到这个集合中的某一个状态。

现在估计在 t_3 时刻频道转换为 Z 的概率。在 t_1 时刻,频道为 Z,在 t_2 时刻,频道为 D,使用方程

$$P(S_{t_3}=Z \mid S_{t_2}=D, S_{t_1}=Z)=P(S_{t_3}=Z \mid S_{t_2}=D) \tag{5.5}$$

注意可以利用一阶马尔可夫假设获得方程右侧的值。可以从表 5.3 的第二行第四列看出等式右侧的值为 0.1。

可以使用这个简单的模型解决很多问题。在这个例子中,有效地利用了一阶马尔可夫属性简化计算。将在例 5.4、例 5.5 中进一步说明。

【例 5.4】 根据例 5.3 中提供的数据,已知目前的状态是 Z,则在下一时刻状态转换为 D 并随后转换为 Z 的概率是多少?

可以做如下估计:

$$P(S_{t_3}=Z, S_{t_2}=D \mid S_{t_1}=Z)=P(S_{t_3}=Z \mid S_{t_2}=D, S_{t_1}=Z) \times$$
$$P(S_{t_2}=D \mid S_{t_1}=Z) \tag{5.6}$$
$$=P(S_{t_3}=Z \mid S_{t_2}=D) \times P(S_{t_2}=D \mid S_{t_1}=Z) \tag{5.7}$$
$$=(0.1) \times (0.1)=0.01 \tag{5.8}$$

注意方程(5.6)是基于贝叶斯定理和条件概率。方程(5.7)等号右边的第一项是基于一阶马尔可夫过程的假设。方程(5.8)中的数据是从表 5.3 的矩阵中获得的。

【例 5.5】 根据例 5.3 中给出的数据。假设在 t_i 时刻,所选的频道为 D,那么在 t_{i+2} 时刻所选的频道为 D 的概率是多少?

注意,这里 t_{i+1} 的状态不明,它可能是 E、D、S 或 Z,因此,得到的概率是

$$P(S_{t_{i+2}}=D \mid S_{t_i}=D)=P(S_{t_{i+2}}=D, S_{t_{i+1}}=E \mid S_{t_i}=D)+$$
$$P(S_{t_{i+2}}=D, S_{t_{i+1}}=D \mid S_{t_i}=D)+$$
$$P(S_{t_{i+2}}=D, S_{t_{i+1}}=S \mid S_{t_i}=D)+$$
$$P(S_{t_{i+2}}=D, S_{t_{i+1}}=Z \mid S_{t_i}=D)$$
$$=P(S_{t_{i+2}}=D \mid S_{t_{i+1}}=E) \times P(S_{t_{i+1}}=E \mid S_{t_i}=D)+$$
$$P(S_{t_{i+2}}=D \mid S_{t_{i+1}}=D) \times P(S_{t_{i+1}}=D \mid S_{t_i}=D)+$$

$$P(S_{t_{i+2}} = D \mid S_{t_{i+1}} = S) \times P(S_{t_{i+1}} = S \mid S_{t_i} = D) +$$
$$P(S_{t_{i+2}} = D \mid S_{t_{i+1}} = Z) \times P(S_{t_{i+1}} = Z \mid S_{t_i} = D)$$
$$= (0.3)(0.2) + (0.5)(0.5) + (0.2)(0.2) + (0.1)(0.1)$$
$$= 0.06 + 0.25 + 0.04 + 0.01 = 0.36$$

这里可以使用马尔可夫模型进行模式分类。假设其中的初始状态和状态转移概率满足有效使用马尔可夫模型的条件。对于每个类,可以得到不同的矩阵。例如,考虑例 5.2 中描述的数字"1"和"7"。数字 1 可以用状态序列 S_1、S_1、S_1 表示,而数字 7 的序列为 S_2、S_1、S_1。图 5.1 给出了相应的状态转换图。

【例 5.6】 可以使用状态转换概率来为训练数据分类。例如,根据如表 5.4 所示的训练数据。相应的状态序列为 S_1、S_1、S_1,所以它可以被归类为数字 1。

表 5.4　需要被分类为 1 或 7 的训练模式

0	0	1
0	0	1
0	0	1

例 5.6 中的结果暴露了这种简单模型的缺点,也显示了使用 3×3 像素来表示一个数字的生硬性。一个更实际的分类情况需要更强的抗噪声性。在例 5.7 中,描述了一个有噪声版本的数字 1。

【例 5.7】 考虑表 5.5 中有噪声版本的数字 1。表 5.5 中的模式可以表示为序列 S_1、S_1、S_4,其中的第三行"1 0 1"表示为状态 S_4。数字 1 序列的第一个状态为 S_1,而数字 7 以 S_2 开头,此训练模式可以被正确分类,因为它更接近于 1。

表 5.5　有噪声的数字 1 的训练数据

0	0	1
0	0	1
1	0	1

然而,当噪声在第一行时将很难分辨,见表 5.6。它所对应的序列为 S_4、S_1、S_1。第一行为 S_4,它并不与数字 1 或数字 7 匹配。

表 5.6　噪声在第一行时的数字 1 的训练数据

1	0	1
0	0	1
0	0	1

处理噪声问题的一种方法是增加状态的数量。例如,除了使用序列 S_1、S_1、S_1 来描述数字 1 外,还可以使用表 5.5 中的序列 S_1、S_1、S_4 来描述数字 1 的有噪声版本。然而,表 5.6 中所示的数字同样有可能是 1 或者 7。将第一行第一列的 1 变成 0,可以得到 1,而将第一行第二列的 0 变成 1,则可以得到 7。进一步说,这个增加状态的数量(有噪声和无噪声版本的数字)用于分类的方法将涉及过度拟合。

所以,将观测所得的状态视为有噪声的状态序列,从而建立一个更好的概率模型。在这种模型中,状态可能不是直接可见。它们是隐藏的,所以,该模型被称为隐式马尔可夫模型。这部分内容在下一节中详细讨论。

5.2　隐式马尔可夫模型

在隐式马尔可夫模型(HMM)中,状态不是可见的,它们是隐藏的。状态转换是具有概率的,而观测结果是状态的概率函数。这样可以处理好状态的有噪声的版本而不增加状态的数量。因此,这种分类器可以避免使用过度。在介绍详细的模型之前,先介绍一些简单的例子。

【例 5.8】　硬币 1 和硬币 2,分别扔它们并记录结果。随机选中一个硬币,抛起并记录结果(h 或 t),但并不知道被抛的是哪一个硬币。例如,观测所得的序列为"hhthhttthhhttt⋯"。为了总结序列生成的过程,需要知道哪个硬币(状态)是被选中的,"h"和"t"出现的概率是和被选中的硬币(硬币偏向某一边)以及选择的顺序(状态转移序列)有关的。具体来说,需要以下信息:

① 第一枚被选中的硬币(起始状态)。

② 状态转移概率矩阵(硬币选择序列的概率)。

③ 已知抛掷哪一枚硬币的情况下,结果为"h"和"t"的概率。

这是一个最常用的来说明 HMM 的例子。在这里,状态是隐藏的,因为不知道是哪一枚硬币生成了当前的符号。

【例 5.9】　回想一下例 5.3 的四个体育频道。假设电视位于大厅而书房中的人只能分辨出大厅里在看板球、足球还是网球。对于书房里的人来说,频道是隐藏的,只有节目是已知的。这又是一个可以表示为 HMM 的例子。与例 5.8 相同,状态(频道)是隐藏的,而观测结果(节目)是已知的。需要使用观测结果序列来研究状态转移概率、某一状态作为初始状态的概率以及状态(频道)已知情况下某一观测结果(节目)的出现概率。

【例 5.10】 数字识别的例子与分类更相关。根据例 5.2 中的问题,但考虑有噪声的情况。数字 1 的数据见表 5.7,数字 7 的数据见表 5.8。

表 5.7 数字 1 的训练数据,包括有噪声版本

0	0	1	1	0	1	0	1	1	0	0	0
0	0	1	0	0	1	0	0	1	0	0	1
0	0	1	0	0	1	0	0	1	0	0	1
0	0	1	0	0	1	0	0	1	0	0	1
0	0	1	1	0	1	0	1	1	0	0	0
0	0	1	0	0	1	0	0	1	0	0	1
0	0	1	0	0	1	0	0	1	0	0	1
0	0	1	0	0	1	0	0	1	0	0	1
0	0	1	1	0	1	0	1	1	0	0	0

表 5.8 数字 7 的训练数据,包括有噪声版本

1	1	1	0	1	1	1	0	1	1	1	0
0	0	1	0	0	1	0	0	1	0	0	1
0	0	1	0	0	1	0	0	1	0	0	1
1	1	1	1	1	1	1	1	1	1	1	1
0	0	1	1	0	1	0	1	1	0	0	0
0	0	1	0	0	1	0	0	1	0	0	1
1	1	1	1	1	1	1	1	1	1	1	1
0	0	1	0	0	1	0	0	1	0	0	1
0	0	1	1	0	1	0	1	1	0	0	0

下面考虑有噪声的状态。例如,"1 0 1"可以被视为一种有噪声的状态 S_1(0 0 1)。在这个简单的 3×3 的数字中,最多允许一位受到噪声的影响。因此,在这种情况下同样状态是隐藏的,而观测结果,也就是隐藏的状态的有噪声版本是可见的。每个数字的数据可以被视为观测序列,它可以

用于研究 HMM。在大多数分类问题中,包括数字识别,涉及的状态序列都是已知的。

5.2.1 HMM 参数

在讨论细节之前,先描述一下隐式马尔可夫模型的各种元素:

① N = 模型中状态(硬币、电视频道、矩阵的行数)的数量。

② M = 不同符号的数量("h" 或 "t"($M = 2$);每个体育频道有三种节目)。

③ L = 观测序列的长度;数据中状态的数量。

使用每个类的数据,下面使用 $\lambda = (A, B, \pi)$ 来计算对应的 HMM。

① 矩阵 $A = [a_{ij}]$;$a_{ij} = P(S_{t+1} = j \mid S_t = i)$,即在 t 时刻,状态从 i 转移到 j 的概率。

② 观测概率 $b_j(k) = P(O_t = k \mid S_t = j)$,$1 \leqslant k \leqslant M$,即在 t 时刻,状态为 j 的情况下,得到符号 $k(O_t = k)$ 的概率。

③ 初始状态概率 $\pi_i = P(S_{t_1} = i)$,$1 \leqslant i \leqslant N$,即从状态 i 开始的概率。

假设对于每个分类,都有一组采集的数据 $O = (O_1, O_2, \cdots, O_L)$。使用这些数据来研究 λ。一些相关的问题为:

① 假设 HMM $\lambda = (A, B, \pi)$,使 $P(O \mid \lambda)$ 最大化。

② 已知 O 和 λ,找出最优状态序列 $S = (S_{t_1}, S_{t_2}, \cdots, S_{t_L})$。

③ 已知 λ,计算 $P(O \mid \lambda)$,即此模型下 O 发生的概率。

5.2.2 学习 HMM

在例 5.10 中的简单分类问题中,有两个类分别对应于数字 1 和 7。每个类有 12 种模式。数字 1 的状态序列为 S_1,S_1,S_1,而数字 7 的状态序列为 S_2,S_1,S_1。因此,在这个例子中,只有两种状态:

① S_1:0 0 1。

② S_2:1 1 1。

12 个训练模式中的每一行对应于一个类,并且具有如下参数。从数字 1 开始。

① 将一个模式的每一行看作一个符号,那么每一行就是一个三位的二进制数字。这样一共就有 36 个符号/行(12×3)。有两个状态,"0 0 1" 和 "1 1 1"。使用两个簇来分别表示这两种状态。簇 1 为 "0 0 1"(S_1),簇 2 为 "1 1 1"(S_2)。

② 根据距离将 36 个符号放入两个簇内。这里使用的汉明距离可以理

解为不匹配的字节数量。例如,第一个模式的第一行为"0 0 1"。它属于簇 1 是因为它与"0 0 1"(S_1) 的距离是 0,而"0 0 1"与"1 1 1"(S_2) 之间的距离则是 2,因为它们有两位不相同。

③ 在 36 行中,27 个为"0 0 1";它们被分配到簇 1,因为相对于 S_2 ("1 1 1"),它们更接近 S_1 ("0 0 1")。有三行为"0 0 0";它们也被分配到簇 1,因为 S_1 和"0 0 0"之间的距离是 1 而 S_2 和"0 0 0"之间的距离为 2。所以,有 30 行被归类到簇 1。

④ 其余六行可以被分配给簇 1 和 2 中的任意一个,因为 S_1 和 S_2 与它们的距离都为 1。在这一章中,假设它被分配到簇 2。

⑤ 计算出各种 HMM 参数如下:

(a) $$\pi_i = \frac{\text{第一次观测被分配到簇 } i \text{ 内的次数}}{\text{总模式数}}, \quad i = 1, 2$$

特别地,π_i 的估计值为

$$\pi_1 = \frac{10}{12} = \frac{5}{6}, \quad \pi_2 = \frac{2}{12} = \frac{1}{6}$$

(b) $$a_{ij} = \frac{O_t \text{ 在簇 } i \text{ 内}, O_{t+1} \text{ 在簇 } j \text{ 内的次数}}{O_t \text{ 在簇 } i \text{ 内的次数}}$$

对任意 t,a_{ij} 的估计值为

$$a_{11} = \frac{16}{20} = \frac{4}{5}, \quad a_{12} = \frac{4}{20} = \frac{1}{5}$$

$$a_{21} = \frac{4}{4} = 1, \quad a_{22} = \frac{0}{4} = 0$$

(c) 估计 $b_j(k)$ 的方法有很多,在 t 时刻,当状态为 j 时,符号 k 出现的概率。计算的概率是基于每个符号与状态或簇代表(S_1 和 S_2)的距离的。具体的算法如下:

第一步:计算观测向量 K 与每一个状态之间的距离。这里使用汉明距离。令距离为 $d_1, d_2, \cdots, d_N$,则

$$b_j(k) = 1 - \frac{b_j}{\text{最大可能距离}}$$

第二步:将距离归一化以得到 $\sum_j b_j(k) = 1$。这是用每个数值除以未归一化的数值之和。这里使用归一化的概率。

下面根据表 5.7 来计算 $b_1(001)$ 和 $b_2(001)$。状态为 $S_1 = 0\ 0\ 1$,$S_2 = 1\ 1\ 1$。距离为 $d_1 = 0, d_2 = 2$。注意,最大可能的距离 $= 3$。归一化之前的值是

$$b_1(001) = 1 - \frac{0}{3} = 1, \quad b_2(001) = 1 - \frac{2}{3} = \frac{1}{3}$$

这些值的和为 $\frac{4}{3}$。所以，归一化后的值是

$$b_1(001) = \frac{1}{\frac{4}{3}} = \frac{3}{4}, \quad b_2(001) = \frac{\frac{1}{3}}{\frac{4}{3}} = \frac{1}{4}$$

以类似的方式，可以计算其他符号的概率："1 0 1""0 1 1"和"0 0 0"。归一化的值为

$$b_1(101) = \frac{1}{2}, \quad b_2(101) = \frac{1}{2}$$

$$b_1(011) = \frac{1}{2}, \quad b_2(011) = \frac{1}{2}$$

$$b_1(000) = 1, \quad b_2(000) = 1$$

（d）同样，根据表 5.8 中给出的数据，可以估计出数字 7 的 HMM 参数值：

$$\pi_1 = \frac{0}{12} = 0, \quad \pi_2 = \frac{12}{12} = 1$$

$$a_{11} = \frac{4}{5}, \quad a_{12} = \frac{1}{5},$$

$$a_{21} = \frac{6}{7}, \quad a_{22} = \frac{1}{7}$$

表 5.8 中有六种不同的符号（行）。它们是"1 1 1""0 0 1""0 1 1""1 0 1""1 1 0"和"0 0 0"。相应的归一化 b 值为

$$b_1(111) = \frac{1}{4}, \quad b_2(111) = \frac{3}{4}$$

$$b_1(001) = \frac{3}{4}, \quad b_2(001) = \frac{1}{4}$$

$$b_1(011) = \frac{1}{2}, \quad b_2(011) = \frac{1}{2}$$

$$b_1(101) = \frac{1}{2}, \quad b_2(101) = \frac{1}{2}$$

$$b_1(110) = 0, \quad b_2(110) = 1$$

$$b_1(000) = 1, \quad b_2(000) = 0$$

注意，这里的 $b_i(k)$ 取决于符号 k 和状态 i，它并不依赖于所表示的数字。所以，类 1（数字 1）和类 2（数字 7）具有相同的 $b_i(k)$。

5.3 基于马尔可夫模型的分类方法

在前面的小节中,讨论了如何使用 HMM。获得了一个关于数字 1 和 7 的两类分类问题的 HMM。下面在表 5.9 中总结与数字 1 和 7 相关的模型 λ_1 和 λ_7。

表 5.9 数字 1 和 7 的 HMM 参数

数字 1 的 HMM(λ_1)	数字 7 的 HMM(λ_7)
$\pi_1 = \dfrac{5}{6}, \pi_2 = \dfrac{1}{6}$	$\pi_1 = 0, \pi_2 = 1$
$a_{11} = \dfrac{4}{5}, a_{12} = \dfrac{1}{5}, a_{21} = 1, a_{22} = 0$	$a_{11} = \dfrac{4}{5}, a_{12} = \dfrac{1}{5}, a_{21} = \dfrac{6}{7}, a_{22} = \dfrac{1}{7}$
$b_1(001) = \dfrac{3}{4}, b_2(001) = \dfrac{1}{4}$	$b_1(111) = \dfrac{1}{4}, b_2(111) = \dfrac{3}{4}$
$b_1(101) = \dfrac{1}{2}, b_2(101) = \dfrac{1}{2}$	$b_1(011) = \dfrac{1}{2}, b_2(011) = \dfrac{1}{2}$
$b_1(000) = 1, b_2(000) = 0$	$b_1(110) = 0, b_2(110) = 1$
$b_1(010) = \dfrac{1}{2}, b_2(010) = \dfrac{1}{2}$	$b_1(100) = \dfrac{1}{2}, b_2(100) = \dfrac{1}{2}$

注意,如前面所说,$b_i(k)$ 对于数字 1 和 7 是相同的,所以把 $b_i(k)$ 写在了表格两边,而没有分别列出。

测试模式的分类方法

根据表 5.9 的参数建立模型,从一个简单的例子开始讨论。

【例 5.11】 考虑表 5.4 中的训练模式 $test_1$。然后计算 λ_1 生成 $test_1$ 的概率和 λ_7 生成 $test_1$ 的概率。将 $test_1$ 放入生成它的概率高的类中。更具体地说,有

$$P(test_1 \mid \lambda) = \pi_1 \times b_1(001) \times a_{11} \times b_1(001) \times a_{11} \times b_1(001)$$

$test_1$ 的第一行更接近 S_1。所以,它属于集合 1,初始状态为 S_1,概率为 π_1。状态 1 的符号为"0 0 1",它的概率可表示为 $b_1(001)$。$test_1$ 的第二行为"0 0 1",它属于集合 1,即 S_1。所以,从第一行过渡到第二行的概率可以用 a_{11} 表示,因为它们都属于集合 1。同样,从第二行到第三行的转换概率也可以用 a_{11} 表示,而在第三行中生成"0 0 1"的概率为 $b_1(001)$。这些概率的乘积就是 $P(test_1 \mid \lambda)$。代入表 5.9 中关于数字 1(λ_1)的数据来计算

$P(test_1 \mid \lambda_1)$。

$$P(test_1 \mid \lambda_1) = \frac{5}{6} \times \frac{3}{4} \times \frac{4}{5} \times \frac{3}{4} \times \frac{4}{5} \times \frac{3}{4} = \frac{9}{40} = 0.225$$

同样,代入表5.9中关于数字7(λ_7)的数据来计算 $P(test_1 \mid \lambda_7)$。

$$P(test_1 \mid \lambda_7) = 0 \times \frac{3}{4} \times \frac{4}{5} \times \frac{3}{4} \times \frac{4}{5} \times \frac{3}{4} = 0$$

可以看出,$P(test_1 \mid \lambda_1)$ 大于 $P(test_1 \mid \lambda_7)$。所以,将 $test_1$ 归类为数字1,因为它更可能是由 λ_1 生成的。在下一个例子中,将考虑如何给一个有噪声版本的训练模式分类。

【例5.12】 下面考虑表5.5中的训练模式 $test_2$。第一行的"0 0 1"属于集合1(S_1),第二行的"0 0 1"也属于集合1(S_1),第三行的"1 0 1"则属于集合2(S_2)。下面计算两种 HMM 生成 $test_2$ 的概率。

$$P(test_2 \mid \lambda) = \pi_1 \times b_1(001) \times a_{11} \times b_1(001) \times a_{12} \times b_2(101)$$

前两项与 $test_1$ 是相似的,只是最后一行的"1 0 1"属于集合2。所以,从第二行、第三行的转换可表示为 a_{12},$b_2(101)$ 表示 S_2 状态下生成第三行"1 0 1"的概率。代入表5.9中的数据,计算关于 λ_1 和 λ_7 的概率。

$$P(test_2 \mid \lambda_1) = \frac{5}{6} \times \frac{3}{4} \times \frac{4}{5} \times \frac{3}{4} \times \frac{1}{5} \times \frac{1}{2} = \frac{3}{80} = 0.037\ 5$$

类似地,可以代入对应数字7的 HMM 参数,得到

$$P(test_2 \mid \lambda_7) = 0 \times \frac{3}{4} \times \frac{4}{5} \times \frac{3}{4} \times \frac{1}{5} \times \frac{1}{2} = 0$$

$P(test_2 \mid \lambda_1)$ 大于 $P(test_2 \mid \lambda_7)$。所以,将 $test_2$ 归类为数字1。接下来用一个有噪声的例子来进行进一步的说明。

【例5.13】 下面考虑表5.6中的训练模式,$test_3$。这里第一行的"1 0 1"属于集合2。第二行的"0 0 1"和第三行的"0 0 1"属于集合1。所以,相应的概率计算如下:

$$P(test_3 \mid \lambda) = \pi_2 \times b_2(101) \times a_{21} \times b_1(001) \times a_{11} \times b_1(001)$$

$$P(test_3 \mid \lambda_1) = \frac{1}{6} \times \frac{1}{2} \times 1 \times \frac{3}{4} \times \frac{4}{5} \times \frac{3}{4} = \frac{3}{80} = 0.037\ 5$$

$$P(test_3 \mid \lambda_7) = 1 \times \frac{1}{2} \times \frac{6}{7} \times \frac{3}{4} \times \frac{4}{5} \times \frac{3}{4} = \frac{27}{140} = 0.193$$

这里 $P(test_3 \mid \lambda_7)$ 大于 $P(test_3 \mid \lambda_1)$。所以,将 $test_3$ 归类为数字7。注意第一行的"1 0 1",它与 S_1 和 S_2 的距离是相等的,把这种情况都看作属于 S_2。所以,$test_3$ 被归类为数字7。在本章后面的练习中,将讨论将此种情况看作属于 S_1 时的分类情况。

问 题 讨 论

本章向读者介绍了使用隐式马尔可夫模型的分类模式。具体地说，模式被视为观测序列。此外，状态是隐藏的，需要从观测数据中得出。描述了 HMM 以及如何使用它们。为了解释 HMM，首先简要介绍了马尔可夫模型，假设当前状态只与前一状态有关（一阶马尔可夫链的属性）。此外，为了简化模型，假设状态是平稳的。通过几个例子，讨论了怎样使用 HMM 进行分类。以数字识别问题为例并研究了其细节。假设每个数字的每一行为一个观测值，这个值有可能是隐藏状态的有噪声版本。提供了一个学习 HMM 的方法，并展示了如何使用 HMM 模型进行分类。

延伸阅读材料

Rabiner 的关于隐式马尔可夫模型(1989)的书是第一本并且最权威的关于 HMM 的文献。HMMs 的教程是很多的。Dugad 和 Desai (1996)曾写了一本优秀的关于 HMM 的书。Fosler－Lussier 的书(1998)提供了关于马尔可夫模型和 HMM 的优秀资料。Kanungo(1998)写了幻灯片的形式的课堂讲稿，是初学者学习 HMM 的好方法。它也给出了几个简单的例子。Duda 等(2001)的书是 HMM 方面的一个很好的资源，它涵盖了一些实际的例子。Rabiner 和 Juang (1993)的书讨论了 HMM 在语音信号处理方面的应用。

习   题

1. 参考表 5.1 与例 5.1，计算如下概率：
① 使用硬币 1 与硬币 2 得出序列 HHHTHHHHTH 的概率。
② 使用硬币 1 与硬币 2 得出序列 TTTHTTHTTT 的概率。

2. 参考表 5.2 中描述的数据。假设每一列对应一个状态，写出数字 1 和 7 的状态转移图。

3. 画出表 5.3 所示的各个频道的状态转换图。

4. 使用表 5.3 中的数据，已知在时刻 t_1、t_2 和 t_3 的状态为 E、S 和 Z，求在 t_4 时刻，状态为 D 的概率。

5. 如果习题 4 中的 t_1、t_2 和 t_3 的状态为 D、D 和 D，求在 t_4 时刻，状态

为 D 的概率。

6. 参考表 5.3 中的数据，已知在 t_1 时刻，所选的频道为 Z，求在 t_2 和 t_3 时刻，状态分别为 S 与 E 的概率。

7. 使用例 5.3 中的数据，已知 t_1 时刻的状态为 S，求在 t_3 时刻，状态为 Z 的概率。

8. 参考表 5.10 中的数据。下面是两个数字，4 和 9。画出相应的状态转换图。例如，可以将行"0 0 1"表示为 S_1，行"1 1 1"记作 S_2，行"1 0 0"写成 S_3。

表 5.10　数字 4 和 9

1　0　0			1　1　1		
1　1　1			1　1　1		
0　0　1			0　0　1		

9. 观察到状态转换图和状态转换矩阵之间存在一一对应关系。求表 5.10 中数字 4 和 9 的状态转换矩阵。

10. 回想表 5.7 和表 5.8 中 3×3 的数字 1 和 7。如果每一行是一个状态，那么每个状态可以观测到多少种符号（可能是有噪声版本）。可以假设一个状态的有噪声版本最多可以有一位与原状态的状态序列不同。比如，"0 1 1"是 S_1 的有噪声版本，而"1 1 1"不是。

11. 参考例 5.10 中的表 5.7 以及 5.2.2 小节中的讨论，列出到 S_1 与 S_2 等距的六种观测状态。

12. 参考例 5.11 中的数据。分别求出当 $k = 1\ 0\ 1$，$k = 0\ 1\ 1$，或 $k = 0\ 0\ 0$ 时，非归一化的 $b_1(k)$ 和 $b_2(k)$。并根据非归一化的值得出归一化的值。验证 5.2.2 小节中 ⑤(c) 中给出的值的正确性。

13. 计算 5.2.2 小节 ⑤(d) 中数字 7 的 HMM 参数，并验证这些值的正确性。

14. 参考表 5.9 中的参数值。改变在距离相等时将观测结果分配到集合的方法，并重新计算各个参数的值。将数字 1 中与 S_1 和 S_2 等距的观测数据分配到集合 S_2 中，将数字 7 中与 S_1 和 S_2 等距的观测数据分配到集合 S_1 中。

15. 考虑表 5.11 中给出的训练数据。使用表 5.9 中的数据对它进行分类。

表 5.11　需要被分到数字 1 或 7 中的训练数据

1	1	1
0	0	1
0	0	1

16. 考虑 $test_3$ 的分类,它的第一行"1 0 1"与 S_1 和 S_2 等距。将其分配给集合 1 并用 S_1 表示。使用表 5.11 中的参数值,给 $test_3$ 分类。

上 机 练 习

1. 考虑一个有两个类的分类问题,这两个类分别为数字 1 和数字 7。假设每个数字是用一个 40×30 大小的二进制矩阵表示的。使用如图 5.1 所示的状态转换图,模拟一组包含 1 000 个数字 1 和 1 000 个数字 7 的数据。假设 S_1 是一个有 29 个 0 和 1 个 1 的 30 位序列,而 S_2 是一个有 30 个 1 的 30 位序列。添加噪声使每个数字中的 100 个条目发生随机变异。

2. 编写一个程序来分别估计上个练习中数字 1 和数字 7 的 900 组数据的 HMM 参数。

3. 编写一个程序来给剩下的 200 个变异数据分类。

本章参考文献

[1] Dugad, Rakesh, U. B. Desai. *A Tutorial on Hidden Markov Models*. Technical Report No. SPANN—96.1. IIT Bombay, Mumbai. 1996.

[2] Fosler—Lussier, Eric. *Markov Models and Hidden Markov Models: A Brief Tutorial*. TR—98—141. ICSI, Berkeley. 1998.

[3] Kanungo, Tapas. *Hidden Markov Models*. HMMtutorial slides. www.cfar.umd.edu/kanungo.

[4] L. Rabiner, B.—H. Juang. *Fundamentals of Speech Recognition*. New Jersey: Prentice Hall. 1993.

[5] L. Rabiner. A tutorial on hidden Markov models and selected applications in speech recognition. *Proc. of the IEEE 77*. 1989.

[6] R. O. Duda, P. E. Hart, D. G. Stork. *Pattern Classification*. Second Edition. Wiley—Interscience. 2001.

第6章 决策树

学习目标：

阅读本章后，你将会明白：

①如何使用决策树来选择行动方案。

②如何用决策树分类。

③决策树的优点和不足。

④节点所使用的分割标准。

⑤什么是决策树的归纳法。

⑥为何有时候修剪决策树是必要的。

决策树是用于模式分类的一种最常见的数据结构，这是因为它浅显易懂而且容易使用。

6.1 简　　介

决策树的每个内部节点表示一个决策，而每个叶子节点表示一种结果或类标签。每个内部节点测试链接到两个或两个以上的分支的一个或多个属性值。每个分支与一个可能的决策值相关。这些分支互不相同，但是整体上是详尽的。这意味着可以只选择其中一个分支而照顾到所有可能性，每种可能性对应一个分支。

在选择行动方案时，决策树是很好的工具。决策树提供了一个高效的结构使得可以列出可能的选项并研究这些选项可能导致的结果。

在二元决策树中，每个节点列出需要做的决策或比较。每个节点有两个向外的分支。一边表示"是"，另一边表示"否"。

【例 6.1】　有四个硬币 a、b、c、d，其中三个硬币的质量是相等的而另一个硬币是偏重的。找到较重那一个硬币。

图 6.1 给出了对应于这个问题的决策树。起始节点比较 $a+b$ 与 $c+d$ 的质量。如果 $a+b$ 比 $c+d$ 更重，那么结果是"是"，所以选择左边的分支。如果 $c+d$ 更重，则选择右边的分支。左边的分支比较 a 和 b 的质量。

如果这种比较的结果是"是"，则 a 为较重的硬币。如果结果是"否"，则 b 为较重的硬币。如果在第一个节点时结果是"否"，则比较 c 和 d 并得出结果。

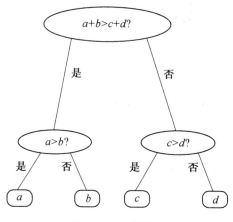

图 6.1　决策树

图 6.1 中的例子描述了一个简单的决策树。一些要点是：

① 四个叶节点对应了四个可能的结果，即哪一个硬币比较重。

②需要做两次质量比较来达到一个叶节点。注意每个决策节点（内部节点）对应于一个质量比较操作。进一步讲，从根节点到叶节点有两个决策节点。

③ 从根到叶的每条路径对应于一个规则。例如，最左边的路径所对应的规则是"如果 $a + b > c + d$ 而且 $a > b$，那么 a 比较重"。

在模式分类时，决策树中的每一个内部节点都对应一个关于一个或多个数值的判断。这些判断可以有如下分类：

① 轴平行判断。在这种情况中，判断 $x > a_0$ 是否成立，x 是一个特征值，a_0 是一个阈值。例如，"高度" > 5 英尺（1 英尺 $=0.304\,8$ 米）测试了一个对象的高度是否超过 5 英尺。换句话说，这个判断存在于一个与所有的参数数轴平行的超平面上，除了"高度"。"高度"将一个模式空间分成两个（一边对应高度高于 5 英尺的模式，另一边对应高度低于 5 英尺的模式）。从本质上讲，这个测试只涉及一个函数。这种分割方式称为轴平行分割。

② 基于特性值的线性组合的判断。这里，判断的形式为

$$\sum_{i=1}^{d} a_i x_i > x_0$$

其中 x_i 是第 i 个特征值,a_i 是它的质量。这个测试包括特征值的线性组合而对应的超平面不需要与任何数轴平行。例如,"0.4 身高 + 0.3 体重 > 38" 判断一个"高度"与"质量"的线性组合是否高于 38。这个测试用一个斜分类将空间分成两部分。注意,轴平行判断是斜分类的一个特例,它只发生在仅有一个 i 值使 a_i 值不为 0 时。

③ 基于特性值的非线性组合的判断。这是一种最综合的训练模式,它的形式为

$$f(x) > 0$$

$f(x)$ 是 x 的任意非线性函数。很容易看出,轴平行和斜分类都是此种测试的特殊情况。然而这种形式的测试是计算最复杂的。

在同一个决策树上可以在不同的节点处使用不同类型的测试。然而,在计算大型数据时一般尽量避免这种情况。本章中只讨论轴平行和斜分割判断,因为它们相对容易实现。

6.2 面向模式分类的决策树方法

可以使用决策树给模式分类,其中树的节点代表做一些决策后的状态。每个叶节点给出一个分类标签,此分类结果与从根节点到此叶节点的路径相关。

【例 6.2】 考虑表 6.1 中描述的一组动物。图 6.2 给出了使用决策树分类该组动物的方法。

表 6.1 一组动物的描述

	腿	角	体形	颜色	喙	叫声
奶牛	4	有	中	白	无	哞哞声
乌鸦	2	无	小	黑	有	鸦叫声
大象	4	无	大	黑	无	喇叭声
山羊	4	有	小	棕	无	咩咩声
田鼠	4	无	小	黑	无	吱吱声
鹦鹉	2	无	小	绿	有	粗响声
麻雀	2	无	小	棕	有	唧喳声
老虎	4	无	中	橙	无	咆哮声

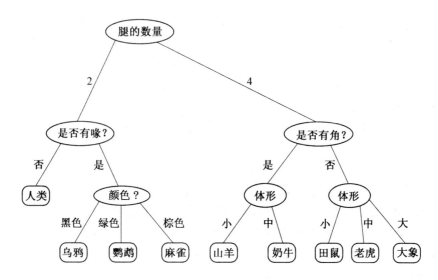

图 6.2　给动物分类的决策树

观察这个决策树,可以得出以下观点:

① 类标签与叶节点相关。总体来说,叶节点与类标签相关联。在图 6.2 中,叶节点与动物名称相关。

② 根节点到叶节点的路径代表一个规则。例如,在图 6.2 中的决策树中,一个分类规则是:

如果(腿的数量＝4),(有角＝否)并且(大小＝小),那么它是(田鼠),这里"田鼠"是一个类的标签。

③ 分类的过程中需要在每个节点进行判断。分类涉及在每个节点做决策并移动到适当的分支,直到到达一个叶节点并确定其类标签。

④ 无关的特性。与分类不相关的特性不会出现在决策树中。在表6.1 中,声音属于动物的属性,但它不在决策树中,因为分类的过程中并不需要它。

⑤ 数值特性与类别特性。在决策树中,数值特性与类别特性均可以被使用。从例子中可以看到颜色是一个类别特性,而腿的数量则是一个数值特性。

⑥ 树可以是二进制或者非二进制。每个节点可以有"是"或"否"两个选项,也可以是 k 叉树中的"多项选择"节点。例如颜色特征有多个分支。而有角与否的特性只有两个选项,"是"或"否"。值得注意的是,一个多项选择可以被分解成为一系列的"是或否"的判断问题,因此二进制树可以用来表示所有的决策树。

⑦ 每个节点与一组模式相关联。这一组模式集在顶部的节点中比较大，然后在向叶节点移动时逐渐减少。在图 6.2 中，一旦决定了腿的数量，到达节点"四条腿"时，将排除鸟类和人类的模式。

⑧ 规则浅显易懂。它拥有一些节点和一个结果。每一个节点只有一个简单的判断问题。

动物分类问题并不是一个典型的模式分类问题，这是因为数据中的每一个模式应该代表一个不同的类。下面给出一个更典型的例子。

【例 6.3】 图 6.3 试图选出公司的一个经理。现在有三个经理，Ram、Shyam 和 Mohan。表 6.2 给出了这三个经理的员工记录。

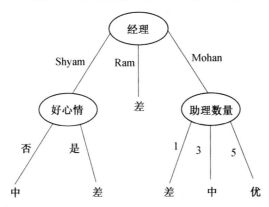

图 6.3　用于模式分类的决策树

表 6.2　一个公司的员工记录

姓名	年龄	教育水平	职位
Ram	55	商学学士	经理
Shyam	30	工程学士	经理
Mohan	40	理学硕士	经理

图 6.3 中的决策树可能是从表 6.3 的模式中得出的。

分类的输出结果是三个类标签。这里有三个类：低、中或高。"经理"是一个分类属性，"助手的数量"是一个数值特性，而"情绪"是一个布尔属性，因为它只能是"是"或"否"。注意以下几点：

① 类标签与叶节点相关联。叶节点给出一个类：低、中或高。

② 根到叶的路径代表一个规则。例如，在图 6.3 的决策树中，一个分类规则为

如果（经理 ＝ Mohan），（助理的数量 ＝ 3），那么（结果 ＝ 中）

③ 在每个节点都需要做出一个决策。在每个节点都需要做出决策，它会连接两个或两个以上的分支。

④ 无关的特性。与分类不相关的特性不会出现在决策树中。比如，假设每个模式中记录了经理的年龄，它们会被删除而不会出现在决策树中。

⑤ 数值特性与类别特性。在这个决策树中，既有数值特性，也有类别特性。

⑥ 分类是简单而便捷的。它所包含的比较的次数与从根到叶所经过的节点数量相同。

表 6.3　图 6.3 的决策树中的模式

经理	助理数量	心情	结果
Shyam	3	不好	中
Shyam	5	不好	中
Shyam	1	好	优
Ram	1	好	差
Ram	5	不好	差
Ram	5	好	差
Mohan	1	不好	差
Mohan	3	好	中
Mohan	5	不好	优

决策树的缺点

① 设计时长可能会很长。例如，随着训练模式数量的增长，可能的斜分类数量呈指数级增长。在一个节点，选择一个最优的超平面的复杂性是呈指数增长的。如果有 n 个训练实例，每个有 d 个属性，最多有 $2^d \times \binom{n}{d}$ 个截然不同的 d 维斜分割。也就是说，如果 $n > d + 1$，那么超平面最多有 $2 \times \sum_{k=0}^{d} \binom{n-1}{d}$ 种选择。而当 $n \leqslant d + 1$ 时，则有 2^n 种选择。

② 简单的（轴平行）决策树无法表示非矩形的区域。大多数决策树算法一次只检查一个属性。这导致了矩形的分类，可能无法很好代表数据的实际分布。在简单的决策树中，所有的决策边界都是与相应的属性的轴正交的超平面。当区域为非矩形时，决策树将这个区域近似成一个超矩形。

【例6.4】 考虑图6.4中给出的示例。这里的决策边界不为矩形。图6.5给出了由一个简单的决策树做出的近似分类。

③ 有一些函数需要指数级大小的决策树,比如奇偶函数和多数函数。

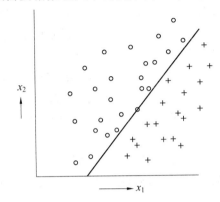

图 6.4　非矩形的决策边界

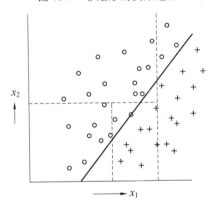

图 6.5　非矩形边界的决策树

【例6.5】 奇偶函数的输入为 $x \in \{0,1\}^d$,当 x 中 1 的数量为奇数时,它的输出为 1,否则输出为 0。很明显,这里有必要使用所有的 d 个数字来决定输出。这使得决策树非常大。

6.3　决策树的构建

从例子中引出决策树。有一组由已知模式组成的观测数据集。相应的决策树可以以简洁的方式描述大量的可能的情况。这是一个用于归纳学习的例子。在构建决策树时,在每个节点将使用一个或多个属性来做出决策。在决策树中,最重要的属性是最早被使用的。这个属性在分类中是最具区别性的。在每个节点,原例被分解成几个部分,每种结果都可以作为一个新的决策树问题出现。一个好的属性可以将原例分解成为完全正面或负面的集合。相反,如果正面的与负面的结果数量相似,那么这并不是一个好的属性选择。也就是说,如果结果中的很大一部分是决定性的答案,那么这是一个非常好的属性选择。

【例 6.6】 在图 6.6 中,$f_1 \geqslant a$ 直接将类 1 与类 2 分开了,每个类各自在边界的一边。而 $f_2 \geqslant b$ 将类 1 与类 2 都分成了在边界两边各有两个模式的形式。可见,$f_1 \geqslant a$ 是一个更好的选择,因为它直接将已有的模式分成了类 1 与类 2。

一旦选择了正确的属性,不同的结果会各自产生一个新的决策树。在每种情况下,再次选择最重要的属性。重复这个过程,直到得到一个最终的分类。

在每一个节点,尽量选择合适的问题使得后续节点的数据尽可能纯净。计算杂质的方法有很多,将在接下来的部分讨论它们。

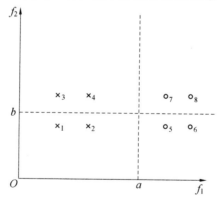

图 6.6　分成两类的分类问题

6.3.1　杂质的度量

1. 熵的杂质或信息的杂质

节点 N 的熵杂质为 $i(N)$,表示为

$$i(N) = -\sum_j P(w_j) \log_2 P(w_j)$$

这里 $P(w_j)$ 是在节点 N 中属于类别 w_j 的部分。

【例 6.7】 考虑这样一种情况,当同样数量的模式被分到其下的两个

分支。那么 $P(w_j)$ 等于 0.5,得到

$$i(N) = -0.5\log_2 0.5 - 0.5\log_2 0.5 = 1$$

如果所有的模式都被分到其中一个分支而没有模式分到其他分支,那么 $i(N) = 0$。考虑将 10 个样本分成三类的例子。其中的 4 个样本被分到第一类,5 个样本被分到第二类,1 个样本被分到第三类。

$$P(w_1) = \frac{4}{10} = 0.4$$

$$P(w_2) = \frac{5}{10} = 0.5$$

$$P(w_3) = \frac{1}{10} = 0.1$$

$$i(N) = -0.4\log_2 0.4 - 0.5\log_2 0.5 - 0.1\log_2 0.1 = 1.36$$

2. 方差杂质

在分成两类的情况下

$$i(N) = P(w_1)P(w_2)$$

当 $P(w_1) = 0.5$, $P(w_2) = 0.5$ 时,$i(N) = 0.25$。当 $P(w_1) = 1.0$, $P(w_2) = 0$ 时,$i(N) = 0$。

总结到更多类别的通性,得到 Gini 杂质

$$i(N) = \sum_{i \neq j} P(w_i)P(w_j) = \frac{1}{2}\left[1 - \sum_j P^2 i(w_j)\right]$$

【例 6.8】 同样,考虑将 10 个样本分成三类的例子。其中的 4 个样本被分到第一类,5 个样本被分到第二类,1 个样本被分到第三类。

$$P(w_1) = \frac{4}{10} = 0.4$$

$$P(w_2) = \frac{5}{10} = 0.5$$

$$P(w_3) = \frac{1}{10} = 0.1$$

可以计算 Gini 杂质

$$i(N) = \frac{1}{2}(1 - 0.4^2 - 0.5^2 - 0.1^2) = 0.29$$

3. 误分类杂质

$$i(N) = 1 - \max_j P(w_j)$$

【例 6.9】 在考虑的三个分支的例子中,误分类杂质为

$$i(N) = 1 - \max(0.4, 0.5, 0.1) = 0.5$$

它计算了一个训练模式被误分类的最小概率。

6.3.2 如何选择属性？

选择属性时应尽可能减少杂质。杂质的减少表示为

$$\Delta i(N) = i(N) - P_{\mathrm{L}} i(N_{\mathrm{L}}) - (1 - P_{\mathrm{L}}) i(N_{\mathrm{R}})$$

这是在只有两个分支的情况下的杂质，P_{L} 和 N_{L} 对应的是左边的分支，N_{R} 对应的是右边的分支。如果有两个以上分支，则

$$\Delta i(N) = i(N) - \sum_{j} P_j \times i(N_j)$$

$\Delta i(N)$ 也可以称为信息在节点上的增益。

所以，最好选择使 $\Delta i(N)$ 最大化的属性。

【例 6.10】 考虑这样一种情况：有 100 个样本，其中 40 个属于 C_1，30 个属于 C_2，30 个属于 C_3。假设属性 X 将这些样本分成两个分支，左分支包含 60 个样本，右分支包含 40 个样本。左分支包含 40 个 C_1，10 个 C_2，以及 10 个 C_3 中的样本。而右分支包含 0 个 C_1，20 个 C_2，以及 20 个 C_3 中的样本。如表 6.4 所示。

表 6.4　使用特征 X 分类后的样本数

$X = a$ 左边分支	$X = b$ 右边分支	总和	类
40	0	40	1
10	20	30	2
10	20	30	3

1. 使用熵杂质

分类的熵杂质为

$$
\begin{aligned}
i(N) &= \frac{40}{100} \log_2 \frac{40}{100} - \frac{30}{100} \log_2 \frac{30}{100} - \frac{30}{100} \log_2 \frac{30}{100} \\
&= -0.4 \log_2 0.4 - 0.3 \log_2 0.3 - 0.3 \log_2 0.3 \\
&= 1.38
\end{aligned}
$$

左边的分支 $i(N_{\mathrm{L}})$ 的熵为

$$i(N_{\mathrm{L}}) = -\frac{40}{60} \log_2 \frac{40}{60} - \frac{10}{60} \log_2 \frac{10}{60} - \frac{10}{60} \log_2 \frac{10}{60} = 1.25$$

右边的分支 $i(N_{\mathrm{R}})$ 的熵为

$$i(N_{\mathrm{R}}) = -\frac{20}{40} \log_2 \frac{20}{40} - \frac{20}{40} \log_2 \frac{20}{40} = 1.0$$

因此杂质减少的值为

$$\Delta i(N)=1.38-\left(\frac{60}{100}\times 1.25\right)-\left(\frac{40}{100}\times 1.0\right)$$

$$=1.38-0.75-0.4=0.23$$

2.使用方差杂质

节点的杂质为

$$i(N)=\frac{1}{2}(1-0.4^2-0.3^2-0.3^2)=0.5\times 0.66=0.33$$

左边节点的杂质为

$$i(N_L)=\frac{1}{2}(1-0.666\ 7^2-0.166\ 7^2-0.166\ 7^2)$$

$$=0.5\times 0.5=0.25$$

右边节点的杂质为

$$i(N_R)=\frac{1}{2}(1-0.5^2-0.5^2)=0.5\times 0.5=0.25$$

因此杂质减少的值为

$$\Delta i(N)=0.33-\left(\frac{60}{100}\times 0.25\right)-\left(\frac{40}{100}\times 0.25\right)=0.08$$

3.使用误分类杂质

节点的杂质为

$$i(N)=1-\max(0.4,0.3,0.3)=0.6$$

左边节点的杂质为

$$i(N_L)=1-\max\left(\frac{40}{60},\frac{10}{60},\frac{10}{60}\right)$$

$$=1-\max(0.666\ 7,0.166\ 7,0.166\ 7)=0.333$$

右边节点的杂质为

$$i(N_L)=1-\max\left(\frac{20}{40},\frac{20}{40}\right)=1-\max(0.5,0.5)=0.5$$

因此杂质减少的值为

$$\Delta i(N)=0.6-\left(\frac{60}{100}\times 0.33\right)-\left(\frac{40}{100}\times 0.5\right)=0.6-0.198-0.2=0.202$$

6.4　节点拆分方法

一个节点的每一个决策结果称为一个分割,因为数据被分成了子集。根节点分割的是完整的数据。每个成功的决策将数据分割为适当的子集

（分支）。

每个非叶节点的决策规则为

$$f_i(x) > a_0$$

这称为节点处的分割规则。根据这个分割规则，可以有不同类型的分割。

（1）轴平行分割：试图用一个特性来分类，其形式为

$$x_j > a_0$$

这里的决策是根据属性 x_j 制定的。如果 $x_j > a_0$，选择其中一个分支，否则选择另一个分支。

【例 6.11】 轴平行分割的方法如图 6.7 所示。因为每个决策只涉及一个属性，空间的分割是与各个轴平行的。

图 6.7 显示了如下 10 个点的坐标：

$$X_1 = (1,1); \quad X_2 = (2,1)$$
$$X_3 = (1,2); \quad X_4 = (2,2)$$
$$O_5 = (6,1); \quad O_6 = (7,1)$$
$$O_7 = (6,2); \quad O_8 = (7,2)$$
$$X_9 = (6,7); \quad X_{10} = (7,7)$$

第一个节点的轴平行分割规则为 $f_1 > 4$，第二个节点的分割规则为 $f_2 > 4$。得到如图 6.8 所示的决策树。

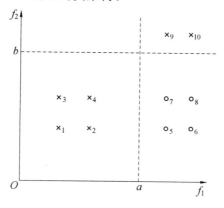

图 6.7　轴平行分割

（2）斜分割：对于斜分割来说（图 6.9），方程的一般形式为 $a \cdot f_1 + b \cdot f_2 + c > 0$，得到以下方程：

$$2a + b + c > 0$$
$$7a + 7b + c > 0$$

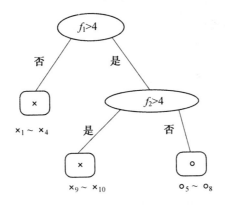

图 6.8　使用轴平行分割的决策树

$$6a + 2b + c < 0$$

解这些不等式,得到 $a = -1, b = 1, c = 2$。

所以斜分割的规则为 $-f_1 + f_2 + 2 > 0$ 或 $f_1 - f_2 < 2$。因此可以得出如图 6.10 所示的决策树。

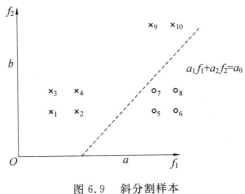

图 6.9　斜分割样本

图 6.10　图 6.9 所对应的决策树

（3）多元分割:多元是指在一个节点使用多个属性来决定分支。在斜分割中,使用了多个属性的线性组合。在一个节点中,使用多个属性的非线性组合也是可行的。

117

停止拆分的条件

1. 使用交叉验证法

将原始数据的一部分保存用于验证。这个过程也可以在其下的各个分支中反复使用并记录平均值。考虑使用验证结果最好的决策树。

2. 杂质的减少

当杂质的减少非常小时,可以停止分割。这意味着

$$\max_s i(s) \leqslant \beta$$

这里,β 是一个很小的数值。

3. 取决于一个通用的准则函数

假设准则函数为

$$\alpha \times \text{size} + \sum_{\text{leafnodes}} i(N)$$

这里 α 是一个正常数,而 size 为节点或连接的数量。当此函数达到某一最小值时,则可以停止分割。

6.5 过度拟合和修剪

每当有大量的假设时,决策树可以持续增长而变得过于具体。例如在一个决策树中,每个模式都各自具有一条不同的路径,这被称为过度拟合。解决过度拟合问题的方法是修剪决策树。修剪可以降低复杂度,并避免使用无关的属性进行分类。

6.5.1 属性不相关条件下的修剪

在这种方法中,首先构造完整的决策树,然后通过寻找不相关的属性进行修剪。当使用一个属性进行分割时,在所分成的子集中,有可能所有的类所占的比例与上一级的节点相同。此时并没有获得新的信息,因此可以分辨出不相关的属性。根据正面和负面样本的数量,可以计算它与一个完美的模式相差多远。如果统计出的差距不是很大,那么可以证明这是一个很重要的判断属性。p_i 与 n_i 是正面与负面结果的数量,而 $\tilde{p_i}$ 与 $\tilde{n_i}$ 为理想值,偏差的计算如下

$$D = \sum_{i=1}^{v} \frac{(p_i - \tilde{p_i})^2}{\tilde{p_i}} + \frac{(n_i - \tilde{n_i})^2}{\tilde{n_i}}$$

这里 v 是样本的数量。D 的分布是符合 χ^2 分布的。所选属性为无关属性的概率可以通过使用标准 χ^2 分布表计算出来。这种方法称为 χ^2 修剪。

6.5.2 交叉验证方法

在 6.4.1 所提到的交叉验证法可以用来防止决策树的过度拟合。这种方法可以估算现有假设对未知数据的预测能力。使用交叉验证可以选择一个具有良好预测性能的树。

6.6 决策树归纳实例

这里考虑一个应用决策树归纳进行样本分类的简单问题。

【例 6.12】

表 6.5 生成决策树的训练数据

厨师	状态	菜系	口感
Sita	不好	印度	好
Sita	好	欧氏	好
Asha	不好	印度	不好
Asha	好	印度	好
Usha	不好	印度	好
Usha	不好	欧氏	不好
Asha	不好	欧氏	不好
Asha	好	欧氏	好
Usha	好	印度	好
Usha	好	欧氏	不好
Sita	好	印度	好
Sita	不好	欧氏	好

如表 6.5 所示，这里有两个类，"口感 ＝ 好"和"口感 ＝ 不好"。有 8 个样本属于"口感 ＝ 好"，还有 4 个样本属于"口感 ＝ 不好"。这个数据集具有以下信息

$$i(N) = -\frac{4}{12}\log\frac{4}{12} - \frac{8}{12}\log\frac{8}{12} = 1.808\ 9$$

下面考虑这三个属性，并找到增益最大的一个。

1. 厨师

（a）"厨师 = Sita"中有 4 个样本属于"口感 = 好"，0 个样本属于"口感 = 不好"。这个分支的熵为 0。

（b）"厨师 = Asha"中有 2 个样本属于"口感 = 好"，2 个样本属于"口感 = 不好"。所以"厨师 = Asha"的熵为

$$i(N_A) = -\frac{2}{4}\log\frac{2}{4} - \frac{2}{4}\log\frac{2}{4} = 1.0$$

（c）"厨师 = Usha"中有 2 个样本属于"口感 = 好"，2 个样本属于"口感 = 不好"。所以"厨师 = Usha"的熵为

$$i(N_U) = -\frac{2}{4}\log\frac{2}{4} - \frac{2}{4}\log\frac{2}{4} = 1.0$$

所以增益为

$$\text{Gain}(\text{Cook}) = 1.808\,9 - \frac{4}{12} \times 1.0 - \frac{4}{12} \times 1.0 = 1.422\,3$$

2. 状态

（a）"状态 = 不好"中有 3 个样本属于"口感 = 好"，3 个样本属于"口感 = 不好"。所以"状态 = 不好"的熵为

$$i(N_B) = -\frac{3}{6}\log\frac{3}{6} - \frac{3}{6}\log\frac{3}{6} = 1.0$$

（b）"状态 = 好"中有 5 个样本属于"口感 = 好"，1 个样本属于"口感 = 不好"。所以"状态 = 好"的熵为

$$i(N_G) = -\frac{1}{6}\log\frac{1}{6} - \frac{5}{6}\log\frac{5}{6} = 2.458\,8$$

所以增益为

$$\text{Gain}(\text{Mood}) = 1.808\,9 - \frac{6}{12} \times 2.458\,8 - \frac{6}{12} \times 1.0 = 0.079\,5$$

3. 菜系

（a）"菜系 = 印度"中有 5 个样本属于"口感 = 好"，1 个样本属于"口感 = 不好"。所以"菜系 = 印度"的熵为

$$i(N_I) = -\frac{1}{6}\log\frac{1}{6} - \frac{5}{6}\log\frac{5}{6} = 2.458\,8$$

（b）"菜系 = 欧氏"中有 3 个样本属于"口感 = 好"，3 个样本属于"口感 = 不好"。所以"菜系 = 印度"的熵为

$$i(N_C) = -\frac{3}{6}\log\frac{3}{6} - \frac{3}{6}\log\frac{3}{6} = 1.0$$

所以增益为

$$\text{Gain(Cuisine)} = 1.808\ 9 - \frac{6}{12} \times 2.458\ 8 - \frac{6}{12} \times 1.0 = 0.079\ 5$$

增益最大的属性是"厨师",因此选择"厨师"作为决策树中的第一个属性。

(1) 厨师 = Sita。

"厨师 = Sita"中有 4 个样本属于"口感 = 好",0 个样本属于"口感 = 不好",熵为 0。这个分支到达了叶节点。

(2) 厨师 = Asha。

"厨师 = Asha"中有 2 个样本属于"口感 = 好",2 个样本属于"口感 = 不好"。所以"厨师 = Asha"的熵为

$$i(N) = -\frac{2}{4}\log\frac{2}{4} - \frac{2}{4}\log\frac{2}{4} = 1.0$$

(a) 状态。

"状态 = 不好"中有 2 个样本属于"口感 = 好",0 个样本属于"口感 = 不好",熵为 0。

"状态 = 好"中有 2 个样本属于"口感 = 好",0 个样本属于"口感 = 不好",熵为 0。所以状态的增益为 1.0。

(b) 菜系。

"菜系 = 印度"中有 1 个样本属于"口感 = 好",1 个样本属于"口感 = 不好"。所以"菜系 = 印度"的熵为

$$i(N) = -\frac{1}{2}\log\frac{1}{2} - \frac{1}{2}\log\frac{1}{2} = 1.0$$

"菜系 = 欧氏"中有 1 个样本属于"口感 = 好",1 个样本属于"口感 = 不好"。所以"菜系 = 欧氏"的熵为

$$i(N) = -\frac{1}{2}\log\frac{1}{2} - \frac{1}{2}\log\frac{1}{2} = 1.0$$

所以菜系的增益为

$$\text{Gain(Cuisine)} = 1.0 - \frac{2}{4} \times 1.0 - \frac{2}{4} \times 1.0 = 0$$

由于状态的增益较高,在"厨师 = Asha"中选择状态作为下一个属性。

(3) 厨师 = Usha。

使用同样的方法分析"厨师 = Usha",这里菜系的增益较高,所以选择菜系作为下一个属性(参考习题 8)。

最终得到的决策树如图 6.11 所示。可以看出,如果"厨师 = Sita",可

以直接得到正确的分类而不需要知道状态和菜系的信息。如果"厨师 = Asha",菜系的信息就是多余的。而如果"厨师 = Usha",则不需要状态的信息。每个叶节点对应相应的类标签。

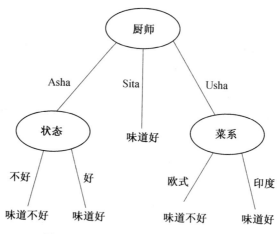

图 6.11　通过训练数据构造的决策树

问 题 讨 论

在决定行动方案时,决策树是一种有效的工具。它的每条路径代表了一个简单的规则。理想的属性选择是排除杂质较快的或者增益高的属性。

延伸阅读材料

Quinlan (1986)解释了决策树的基本原理并进行了举例。他进一步描述了一个处理决策树的称为 C4.5 的软件 (1992;1996)。Buntine 和 Niblett (1992) 讨论了决策树的各种类型的拆分规则。Murthy 等 (1994) 的论文中介绍了决策树的斜分裂。在这些论文中,还描述了 OC1 决策树软件系统。使用搜索技术,John (1994)发现了多变量决策树的分裂方式。Sethi 和 Yoo (1994)讨论了多变量决策树。Wang 等 (2008)讨论了模糊决策树。Chandra 和 Varghese (2009),Kalkanis (1993),Yildiz 和 Dikmen (2007),Chen,Wu 和 Tang (2009),Ouyang 等(2009),Chen,Hu 和 Tang (2009),Sieling (2008)和 Twala 等(2008)都著有关于决策树的重要文献。

习　题

1. a、b、c 三枚硬币中的其中一枚与其他的两枚重量不同,构造一个决策树并找出这枚硬币。

2. 分别给出使用以下类型的分割标准的决策树的例子。

①轴平行分割。

②斜分割。

③多元分割。

3. 根据一组数据构造决策树时,一些条件可能不会被用到。举例说明这种情况。

4. 根据以下属性,构造一个餐厅选择的决策树。

①费用:昂贵的,适中的,便宜的。

②位置:远,近,很近。

③食物质量:很好,一般,不好。

④天气:雨,晴天,阴天。

5. 考虑一个由 n 个训练模式构造的决策树。假设有 C 个类。那么二元决策树的最大深度以及最小深度分别是多少?

6. 考虑下面的二维模式:

类 1	类 2
(1,1)	(6,1)
(1,2)	(6,2)
(2,1)	(1,8)
	(2,7)
	(2,8)

①使用熵增益构造最理想的轴平行决策树。

②如果使用斜分割树,是否比轴平行树简单?

7. 考虑一个有 25 个样本的决策树。在第一个节点,其中的 10 个分到左边的分支,15 个分到右边的分支。左分支又分为三个分支,在 10 个样本中,0 个分到第一个分支,4 个分到第二个分支,6 个属于第三个分支。求每个分支的增益。

8. 考虑根据表 6.3 构成的决策树。补全"厨师 ＝ Usha"部分的细节。

上 机 练 习

1. 写一个设计决策树的程序,并根据表 6.4 构造一个决策树。

2. 研究不同的杂质计算方法。将这些计算加入到上面的程序中并比较这几种方法。

3. 实现轴平行分割与斜分割,并将它们加入到决策树程序中。

本章参考文献

[1] W. Buntine, T. Niblett. A further comparison of splitting rules for decisiontree induction. *Machine Learning* 8: 75-85. 1992.

[2] B. Chandra, P. Paul Varghese. Moving towards efficient decision tree construction. *Information Sciences* 179(8): 1059-1069. 2009.

[3] Chen Yen-Liang, Chia-Chi Wu, Kwei Tang. Building a cost-constrained decision tree with multiple condition attributes. *Information Sciences* 179(7): 967-079. 2009.

[4] Chen Yen-Liang, Hsiao-Wei Hu, Kwei Tang. Constructing a decision tree from data with hierarchical class labels. *Expert Systems with Applications* 36(3) Part 1: 4838-4847. 2009.

[5] John, H. George. Finding multivariate splits in decision trees using function optimization. *Proceedings of the AAAI*. 1994.

[6] G. Kalkanis. The application of confidence interval error analysis to the design of decision tree classifiers. *Pattern Recognition Letters* 14 (5): 355-361. 1993.

[7] Murthy, K. Sreerama, Simon Kasif, Steven Salzberg. A system for induction of oblique decision trees. *Journal of Artificial Intelligence Research* 2: 1-32. 1994.

[8] Ouyang, Jie, Nilesh Patel, Ishwar Sethi. Induction of multiclass multifeature split decision trees from distributed data. *Pattern Recognition*. 2009.

[9] J. R. Quinlan, Induction of decision trees. *Machine Learning* 1: 81-106. 1986.

[10] J. R. Quinlan. *C4. 5-Programs for Machine Learning*. San Mateo,

CA: Morgan Kaufmann. 1992.

[11] J. R. Quinlan. Improved use of continuous attributes in C4. 5. *Journal of Artificial Intelligence Research* 4: 77-90. 1996.

[12] Sethi, K. Ishwar, H. Jae. Yoo. Design of multicategory multifeature split decision trees using perceptron learning. *Pattern Recognition* 27(7): 939-947. 1994.

[13] Sieling, Detlef. Minimization of decision trees is hard to approximate. *Journal of Computer and System Sciences* 74(3): 394-403. 2008.

[14] B. E. T. H. Twala, M. C. Jones, D. J. Hand. Good methods for coping with missing data in decision trees. *Pattern Recognition Letters* 29(7): 950-956. 2008.

[15] Wang Xi—Zhao, Jun—Hai Zhai, Shu—Xia Lu. Induction of multiple fuzzy decision trees based on rough set technique. *Information Sciences* 178(16): 3188-3202. 2008.

[16] Yildiz, Olcay Taner, Onur Dikmen. Parallel univariate decision trees. *Pattern Recognition Letters* 28(7): 825-832. 2007.

第7章 支持向量机

学习目标:

阅读本章之后,你会:

①学会利用线性决策边界对模式进行分类。

②了解感知学习算法的复杂性及如何使用它来学习权重向量。

③发掘神经网络以及它们从人脑的研究演化而来的过程。

④知道什么是支持向量机。

7.1 简   介

支持向量机(SVM)是一个二进制分类机。它利用训练序列集的适当子集在多维空间分离出一个决策边界,这个子集的元素称为支持向量机。几何上,支持向量是最接近决策边界的训练模式。为了理解支持向量机的特性,需要先理解一些相关的概念,包括线性判别函数和神经网络。因此,在介绍支持向量机之前,首先介绍这些概念。

7.1.1 线性判别函数

线性判别函数可以用来判别两个或多个类别的模式。用二维模式来描述这一问题,如图 7.1 所示。

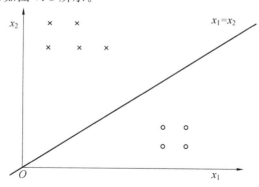

图 7.1 利用线性判别函数进行分类

【例7.1】 有五个第一类的模式(标签 X)和四个第二类的模式(标签 O)。这些被标记的模式的集合可以用表7.1来描述。

表 7.1 模式的描述

模式号	1	2	类型
1	0.5	3.0	X
2	1	3	X
3	0.5	2.5	X
4	1	2.5	X
5	1.5	2.5	X
6	4.5	1	O
7	5	1	O
8	4.5	0.5	O
9	5.5	0.5	O

前五个模式属于类型 X,其余的模式属于类型 O。考虑图 7.1 中用 $x_1 = x_2$ 表示的直线。所有标签为 X 的模式均在这条线的左侧,标签为 O 的模式均在这条线的右侧。

换句话说,这两类模式是线性可分的,由于同一类模式处于这条线的同一侧,即这条线可以将属于 X 类和 O 类的模式分开。

分类两类模式的另一种方式是,所有 X 类的模式均满足 $x_1 < x_2(x_1 - x_2 < 0)$。

例如,在表 7.1 中,模式 1 的 x_1 值为 0.5,x_2 值为 3,满足 $0.5 - 3 = -2.5(<0)$。类似地,模式 5 也满足这个属性,因为 $x_1 - x_2$ 的值为 -1。以对称的方式,所有 O 类的模式均满足 $x_1 > x_2(x_1 - x_2 > 0)$。例如,对于表中的第 9 模式,$x_1 - x_2$ 等于 $5(5.5 - 0.5)$,其值大于 0。

根据模式相对直线的位置,确定 O 类模式位于直线的正半平面(因为这些模式满足 $x_1 - x_2 > 0$),X 类模式位于直线的负半平面(等价地,这些模式满足 $x_1 - x_2 < 0$)。考虑剩余的模式,这些模式是本章结尾练习1中编号为 $2 \sim 4$ 和 $6 \sim 8$ 的模式。这里,直线将二维空间分成两个部分,称为正半空间(O 类模式的位置)和负半空间(X 类模式的位置)。

容易发现,实现决策边界(二维空间下的线,可以将属于不同类的模式分离出来)的方式可能有无穷多种。例如,直线 $x_1 - x_2 = 1$ 也可以将表7.1 中的前五个点与后四个点分离出来。 这里,对于 X 类模式而言,$x_1 - x_2 < 1$,对于 O 类模式而言,$x_1 - x_2 > 1$。

需要注意的是,直线 $x_1 - x_2 = 0$ 和 $x_1 - x_2 = 1$ 互相平行。显然,直线 $x_1 - x_2 = 0$ 经过原点,而 $x_1 - x_2 = 1$ 远离原点,为类 X 提供了更多的空间。另一条将两类模式分离开的直线是 $3x_1 - 2x_2 = 0$,它与前面两条直线不平行。方便起见,将这些直线抽象成函数

$$f(x) = w_1 x_1 + w_2 x_2 + b = 0 \qquad (7.1)$$

对应地,直线 $x_1 - x_2 = 0$ 中 $w_1 = 1, w_2 = -1, b = 0$。同样,$x_1 - x_2 = 1$ 中 $w_1 = 1, w_2 = -1, b = -1$。运用这种表达方式可以灵活地处理模式和多维空间下的线性决策边界的问题。例如,在一个 d 维空间,决策边界是一个超平面,可以表示为

$$f(x) = w'x + b = 0 \qquad (7.2)$$

其中,w 和 x 是 d 维向量。当 $b = 0$ 时,称之为齐次表达式,否则,称为非齐次表达式。可以使用表达式来表征线性可分。说两个类,例如类 X 和 O 是线性可分的,如果能找到一个权重向量 w 和标量 b,使得所有属于其中一类(例如类 O)的模式满足

$$w'x + b > 0$$

属于另一类(例如类 X)的模式满足

$$w'x + b < 0$$

将用图 7.1 所示的数据举例说明。

【例 7.2】 考虑图 7.1 中的 9 维模式。进一步考虑基于向量 $w' = (1, -1)$ 和 $b = -1$ 的线性分类器。在表 7.2 中,提供了这些模式的详细情况,它们的标签和每个模式的 $w'x + b$ 的值。注意到前 5 个标签为 X 的模式的 $w'x + b$ 值是负的(< 0),后 4 个标签为 O 的模式的 $w'x + b$ 值是正的(> 0),这表明这两类模式是线性可分的。

这里,b 的值决定决策边界的位置。考虑到这两类模式的决策边界是由 $w'x + b = 0$ 表征的。根据原点(零向量)的位置,可以对于 b 的值做如下讨论。

① 考虑 $b = 0$ 的情况,这时原点在决策边界上。这是因为对于直线 $w'x + b = 0$,对所有的 w,当 $x = 0$ 时,$b = 0$。

② 考虑 b 是正数($b > 0$)的情况,此时原点在决策边界的正半平面,这是因为对于直线 $w'x + b > 0$,对所有的 w,当 $x = 0$ 时,$b > 0$。

③ 考虑 b 是负数($b < 0$)的情况,此时原点在决策边界的负半平面,对于直线 $w'x + b < 0$,对所有的 w,当 $x = 0$ 时,$b < 0$。

上述结论适用于 $d(d \geqslant 1)$ 维空间,将在对例 7.1 中的二维空间($d = 2$)的情况进行验证。

表 7.2　线性可分类

模式号	x_1	x_2	类型	$w^t x + b$
1	0.5	3.0	X	-3.5
2	1	3	X	-3.0
3	0.5	2.5	X	-3.0
4	1	2.5	X	-2.5
5	1.5	2.5	X	-2.0
6	4.5	1	O	2.5
7	5	1	O	3.0
8	4.5	0.5	O	3.0
9	5.5	0.5	O	4.0

【例 7.3】　考虑图 7.1 和表 7.1 中的数据。首先考虑直线 $x_1 = x_2$，此时 $w^t = (1, -1), b = 0$。原点 $(0, 0)$ 在决策边界上。

现在考虑直线 $2x_1 - 2x_2 = -1$，或者可写为 $2x_1 - 2x_2 + 1 = 0$，这条直线是由 $x_1 - x_2 = 0$ 经适当平移得到的（详见练习 2）。点 $(-0.5, 0)$ 和 $(0, 0.5)$ 均在这条直线上。此外，所有标签为 X 的点均在这条线的一侧（负半平面），所有标签为 O 的点均在这条直线的另一侧（正半平面），原点在正半平面。

直线 $2x_1 - 2x_2 = 1$ 或者 $2x_1 - 2x_2 - 1 = 0$ 是由 $x_1 = x_2$ 向下平移得到的。此时，原点处于负半平面。点 $(0.5, 0)$ 和 $(1, 0.5)$ 在直线 $2x_1 - 2x_2 = 1$ 上。同样，这条直线也将表 7.1 中的模式正确地分离开。

因此，从某种意义上讲，b 决定着决策边界的位置，它决定着决策边界偏离原点的程度。类似地，权重向量 w 决定着决策边界的方向，这可以用一个例子解释。只考虑二维的例子来简单说明这个概念，但这些结论对多维情况同样适用。这种情况下，决策边界是一个超平面。

【例 7.4】　考虑图 7.1 所示的二维数据。考虑一下 $x_1 = x_2$（或相当于 $x_1 - x_2 = 0$）作为决策边界的情况，相应地 $w^t = (1, -1), w_1 = 1, w_2 = -1$。考虑到 w 是正交于决策平面的。考虑决策边界上的任意一点 x 均可表达成 (α, α) 的形式，所以 $w^t x = 0$。进一步将决策边界分别平移得到 $2x_1 - 2x_2 = -1$ 或 $2x_1 - 2x_2 = 1$。一条平行于 $x_1 = x_2$ 的直线作为决策边界，权向量不改变，只是 b 相应变化。所以可以得出权向量 w 与决策边界正交，这一结论也可以拓展到 d 维空间下（$d > 2$，详见练习 3）。

所以，w 与决策边界正交，它的方向是指向正半空间的。这意味着，任意位于正半平面的模式 x（O 类模式）都会与 w 成 θ 角且 $-90° < \theta < 90°$，因此 $\cos \theta > 0$。以下示例可以说明这一问题。

【例 7.5】 考虑如图 7.1 所示的二维数据。考虑直线 $x_1 = x_2$ 为决策平面，相应地 $w^t = (1, -1)$。考虑任意属于 O 类的模式，以表 7.1 中的模式 7 为例。模式 x 与 w 之间所成的角的余弦值为 $\dfrac{w^t x}{\| w \| \| x \|}$，$w^t x$ 的值为 4（即 $5-1$），为正数。当 x 是模式 7 时，x 与 w 之间所成的角的余弦值为 $\dfrac{4}{\sqrt{2}\sqrt{26}}$，是正数。这意味着 w 与决策边界正交，方向是指向正半空间。

另一个有用的概念是点 x 到决策平面之间的距离。任意一点 x 均可以表示成两个向量的和，其中一个向量平行于决策边界，另一个向量与决策边界正交。所以

$$x = x_b + x_o \tag{7.3}$$

其中 x_b 是 x 在决策边界上的投影，x_o 是正交分量。此外，w 也与决策边界正交并且指向正半空间。所以，x_o 可以写成 $p \dfrac{w}{|w|}$ 的形式，其中 p 是实数，当 x 属于 O 类模式时 p 为正数，当 x 属于 X 类模式时 p 为负数。根据以上讨论，得出如下结论

$$f(x) = w^t x + b = w^t x_b + b + w^t x_o$$

$$= 0 + w^t x_o = p w^t \frac{w}{|w|} = p \| w \| \tag{7.4}$$

从上式可以得出

$$p = \frac{w^t x + b}{\| w \|} \tag{7.5}$$

称 p 为法线或点 x 到决策边界的最短距离。现在简单地将 p 表示为距离，举例来说明如何计算向量与决策边界之间的最短距离。

【例 7.6】 考虑图 7.1 所示的数据和由直线 $x_1 - x_2 - 1 = 0$ 给出的决策平面。此时 $\| w \|^2 = 2$，$b = -1$。所以决策边界到原点 $x = (0, 0)$ 的距离为 $\dfrac{-1}{\sqrt{2}}$。

类似地，决策边界到原点 $(1, 1)$ 的距离也为 $\dfrac{-1}{\sqrt{2}}$。一般来说，任意一点 (a, a)（a 是实数）到决策边界的距离为 $\dfrac{-1}{\sqrt{2}}$（详见练习 5）。

同时,可以通过在每个模式中加上 1 作为第 $d+1$ 个分量将 d 维空间扩展到 $d+1$ 维空间,即 $x_{d+1}=1,w_{d+1}=b$。这种映射使得能用齐次的形式来表示决策边界

$$f(x') = z'x' = 0 \qquad (7.6)$$

其中 z 和 x' 是 $d+1$ 维向量。z 是 w 加上 b 作为第 $d+1$ 个分量得到的,x' 是由 x 加上 1 作为第 $d+1$ 个分量得到的,所以 z 和 x' 可以用下式表示:

$$z = \begin{pmatrix} w \\ b \end{pmatrix}$$

和

$$x' = \begin{pmatrix} x \\ 1 \end{pmatrix}$$

使用这种表示,直线 $x_1 - x_2 = 1$,或者写成 $x_1 - x_2 - 1 = 0$,可以表示成 $z'x' = 0$,其中 $z' = (1, -1, -1)$,$x'^t = (x_1, x_2, 1)$。

本章的余下部分,将使用 w 和 x 来代替 z 和 x'。这部分内容会表明齐次与非齐次情况的区别。

在二元分类问题中,可以通过归一化使所有模式均处于正半平面。这是通过将 X 类的每个模式的特征值由其相反数来代替,包括第 $d+1$ 项。

【例 7.7】　表 7.1 中的第 1 种模式 $(0.5,3)'$ 转换后变成 $(0.5,3,1)'$,归一化后变成 $(-0.5,-3,-1)$。通过这种方式转换和归一化表 7.1 中的数据,可以得到表 7.3 所示的数据。

表 7.3　归一化三维模式的描述

模式	1	2	3
x_1	-0.5	-3.0	-1
x_2	-1	-3	-1
x_3	-0.5	-2.5	-1
x_4	-1	-2.5	-1
x_5	-1.5	-2.5	-1
x_6	4.5	1	1
x_7	5	1	1
x_8	4.5	0.5	1
x_9	5.5	0.5	1

当模式类型是线性可分时,使用归一化数据来自动学习决策边界是非

常方便的。下一节将介绍现在判别函数的感知学习算法。

7.2 学习线性判别函数

在前面的小节中,已经看到可以有不同的决策边界(直线)来分离属于两个不同类的模式。一般来说,如果学习向量 w,是有可能得到超平面形式的决策边界的。令模式空间的维数为 d,在非齐次的情况下($b \neq 0$),w 是 $d+1$ 维向量,第 $d+1$ 个分量是 b。

相应地,齐次情况下,w 的第 $d+1$ 个分量是 0。在这两种情况下,x 的 $d+1$ 个分量值选为 1。这将允许在齐次和非齐次的条件下使用相同的表示形式。

当类线性可分时,学习权向量 w 更容易,此时介绍感知学习算法来学习权向量。

7.2.1 学习权重向量

该算法顺序估计模式,如果该模式是由权向量错误分类的,该算法更新权向量 w。该算法遍历模式直到不再有权向量需要更改,或者说整个迭代中没有模式被错误分类。应用这种算法时使用归一化形式是非常方便的,这意味着如果 $w^t x \leqslant 0$,那么模式 x 被错误分类了。为了使用齐次形式,需要对模式进行转换和归一化。表7.3中给出了表7.1中对应的三维向量模式。这些模式标号为 x_1 到 x_9。要解决的问题是要找到一个三维权向量 w 正确分类所有的模式。或者说,w 应该使表7.1中九个模式都满足 $w^t x > 0$。

在感知学习算法中,为了学习 w,令归一化的 $d+1$ 维模式为 x_1,$x_2, \cdots, x_n$,这些模式在前一节中已经由 d 维空间映射到 $d+1$ 维空间。

感知学习算法:

第1步,初始化 w 为零向量,即令 $i=0$,$w_i=0$。

第2步,对 $j=1, \cdots, n$,如果 $w_i^t x_j \leqslant 0$,令 $i=i+1$,$w_i = w_{i-1} + x_j$。

第3步,重复步骤2,直到整个迭代过程中对所有的模式 i 值不再发生变化。

提出的更新权向量的方案原理可以解释如下:令 w_i 为当前对模式 x_j 进行错误分类的权向量,即 $w_i^t x_j < 0$。所以,w_{i+1} 是利用上述算法由 $w_i + x_j$ 得到的。需要注意的是 $w_{i+1}^t x_j$ 与 $w_i^t x_j + \parallel x_j \parallel^2$ 相等。由于 $\parallel x_j \parallel^2$ 是

正数，$w'_{i+1}x_j$ 的值大于 $w'_i x_j$ 的值。这意味着更新的权向量 w_{i+1} 比 w_i 更适用于正确地对 x_j 进行分类，因为 $w_{i+1}x_j$ 的值大于 $w_i x_j$ 的值，即使 $w_i x_j$ 的值是负数，$w_{i+1}x_j$ 的值也可能是正的。

【例 7.8】 可以使用表 7.3 的数据通过以下几步说明算法的工作流程。

（1）

$$w_1 = \begin{pmatrix} 0 \\ 0 \\ 0 \end{pmatrix}$$

$$x_1 = \begin{pmatrix} -0.5 \\ -3.0 \\ 1 \end{pmatrix}$$

这里 $w'_1 x_1 = 0$，因此 $w_2 = w_1 + x_1$ 可以表示为

$$w_2 = \begin{pmatrix} -0.5 \\ -3 \\ -1 \end{pmatrix}$$

（2）接下来考虑模式 x_2，$w'_2 x_2$ 的值为 10.5（大于 0），类似地，x_3、x_4、x_5 也都被正确分类。并且 $w'_2 x_3 = 8.75$，$w'_2 x_4 = 9$，$w'_2 x_5 = 9.25$。所以，这些模式都被 w_2 正确分类，而不影响权重向量。

（3）然而 $w'_2 x_6 = -6.25$（< 0），因此 $w_3 = w_2 + x_6$，即

$$w_3 = \begin{pmatrix} 4 \\ -2 \\ 0 \end{pmatrix}$$

用 w_3 去正确分类 x_7、x_8、x_9，在下一次迭代中正确分类 x_1、x_2、x_3、x_4。具体来说，$w'_3 x_7 = 18$，$w'_3 x_8 = 17$，$w'_3 x_9 = 21$，$w'_3 x_1 = 4$，$w'_3 x_2 = 2$，$w'_3 x_3 = 3$，$w'_3 x_4 = 1$。

（4）然而 w_3 对 x_5 进行了错误分类。$w'_3 x_5$ 的值为 -1（< 0），因此令 $w_4 = w_3 + x_5$，可以得到

$$w_4 = \begin{pmatrix} 2.5 \\ -4.5 \\ -1 \end{pmatrix}$$

w_4 可以对 x_6、x_7、x_8、x_9、x_1、x_2、x_3、x_4 和 x_5 进行正确的分类。具体地，$w'_4 x_6 = 5.75$，$w'_4 x_7 = 7$，$w'_4 x_8 = 8$，$w'_4 x_9 = 10.5$，$w'_4 x_1 = 13.25$，$w'_4 x_2 = 11.5$，$w'_4 x_3 = 11$，$w'_4 x_4 = 9.75$，$w'_4 x_5 = 8.5$。

因此 w_4 是所求向量。换句话说，$2.5x_1 - 4.5x_2 - 1 = 0$ 是决策边界方程，或者说将两类模式分开的直线是 $5x_1 - 9x_2 - 2 = 0$。

在一般情况下，当类是线性可分时，可以表明感知学习算法将通过有限次数的迭代收敛于正确的权向量。随着训练模式的位置变化，迭代的次数可能增加。这些将在接下来的小节中进行说明。

7.2.2 多个类别的分类问题

线性判别函数非常适用于分离两类线性可分的模式。然而在实际应用中，可能需要分离三类或者更多的模式。可以用不同的方式将二元分类器用于分离 C 类模式，其中 $C > 2$。

在下面列出了一些普遍使用的方案：

一次考虑两个类，在给定的集合中有 C 类模式时，这样的模式对有 $\dfrac{C(C-1)}{2}$ 对。对每对模式对学习线性判别函数，将这些决策结合起来做最终的决策。以二维情况为例来说明该方案。

【例 7.9】 考虑表 7.4 所示的数据。

表 7.4　三类模式数据的描述

模式号	1	2	类型
1	0.5	3	X
2	1	3	X
3	0.5	2.5	X
4	6	6	O
5	6	6.5	O
6	7	6	O
7	10	0.5	$*$
8	10	1	$*$
9	11	1	$*$

这里有九个模式，属于 X、O 和 $*$ 类的模式各三个。此外，各个模式均是二维空间中的点。如果考虑所有可能的二元分类（一次处理两个类型），可以得到三种情况：第一种情况是分类器处理 X 类和 O 类模式，第二种情况是处理 X 类和 $*$ 类模式，第三种是处理 O 类和 $*$ 类模式。接下来，将依次讨论这三种分类器。

(1) 分离 X 类和 O 类模式（表 7.5）。

表 7.5　X 类和 O 类数据

模式号	1	2	偏差
1	0.5	3	1
2	1	3	1
3	0.5	2.5	1
4	−6	−6	−1
5	−6	−6.5	−1
6	−7	−6	−1

利用感知器学习算法,开始进行下列计算:

①
$$w_1 = \begin{pmatrix} 0 \\ 0 \\ 0 \end{pmatrix}$$

$$x_1 = \begin{pmatrix} 0.5 \\ 3 \\ 1 \end{pmatrix}$$

这里 $w_1^t x_1 = 0$,因此 $w_2 = w_1 + x_1$ 可以表示为

$$w_2 = \begin{pmatrix} 0.5 \\ 3 \\ 1 \end{pmatrix}$$

② 接下来考虑模式 x_2,$w_2^t x_2$ 的值为 $10.5(>0)$,类似地,由于 $w_2^t x_3$ 的值为 $8.75(>0)$,x_3 也被正确分类。

③ 接下来考虑 $w_2^t x_4 = -22(<0)$,因此令 $w_3 = w_2 + x_4$,即

$$w_3 = \begin{pmatrix} -5.5 \\ -3 \\ 0 \end{pmatrix}$$

注意到 w_3 可以正确分类 x_5 和 x_6。

④ 然而 w_3 没能正确分类 x_1,$w_3^t x_1 = -11.75(<0)$,因此更新 w_3 得到 $w_4 = w_3 + x_1$,即

$$w_4 = \begin{pmatrix} -5 \\ 0 \\ 1 \end{pmatrix}$$

⑤ 现在考虑 x_2,$w_4^t x_2 = -4(<0)$,因此更新 w_4 得到 $w_5 = w_4 + x_2$,所

以

$$w_5 = \begin{bmatrix} -4 \\ 3 \\ 2 \end{bmatrix}$$

w_5 可以对 x_3、x_4、x_5、x_6、x_1 和 x_2 进行正确的分类。因此 w_5 是所求向量。这一向量表示了对 X 类和 O 类进行分类的决策边界(一条直线),因此称之为 w_{xo}。

(2)分离 X 类和 $*$ 类模式。

考虑表 7.4 中对应于这两个类的六个数据点。为了将其分类成 X 类或者 $*$ 类,转换和归一化后的数据见表 7.6。

表 7.6　X 类和 $*$ 类数据

模式号	1	2	偏差
1	0.5	3	1
2	1	3	1
3	0.5	2.5	1
4	−10	−0.5	−1
5	−10	−1	−1
6	−11	−1	−1

这里,利用感知学习算法,首先

$$w_1 = \begin{bmatrix} 0 \\ 0 \\ 0 \end{bmatrix}$$

因此得到

$$w_2 = \begin{bmatrix} 0.5 \\ 3 \\ 1 \end{bmatrix}$$

$$w_3 = \begin{bmatrix} -9.5 \\ 2.5 \\ 0 \end{bmatrix}$$

最终得到

$$w_4 = \begin{bmatrix} -9 \\ 5 \\ 1 \end{bmatrix} \text{(详见练习 9)}$$

w_4 正确分类了表 7.6 中的所有六种模式,所以称之为 w_{x*},且

$$w_{x*} = \begin{pmatrix} -9 \\ 5 \\ 1 \end{pmatrix}$$

（3）分离 O 类和 $*$ 类模式。

为此,考虑表 7.4 中对应于这两类的六个数据点。为了将模式分成 O 类（正数类）或者 $*$ 类（负数类）,转换和归一化后的数据见表 7.7。

表 7.7 O 类和 $*$ 类数据

模式号	1	2	偏差
1	6	6	1
2	6	6.5	1
3	7	6	1
4	-10	-0.5	-1
5	-10	-1	-1
6	-11	-1	-1

这里,利用感知学习算法,首先

$$w_1 = \begin{pmatrix} 0 \\ 0 \\ 0 \end{pmatrix}$$

最终得到（详见练习 10）

$$w_3 = \begin{pmatrix} -4 \\ 5.5 \\ 0 \end{pmatrix}$$

并且 w_3 可以正确分类表 7.7 中所有数据,因此

$$w_{o*} = \begin{pmatrix} -4 \\ 5.5 \\ 0 \end{pmatrix}$$

考虑到三元分类器是由三个向量 w_{xo}、w_{x*} 和 w_{o*} 表征的,如果利用这三个向量并且考虑表 7.4 中的模式,可以用下述方法将这些模式进行分类。

（1）考虑模式 x_1（转换之后）,

$$x_1 = \begin{bmatrix} 0.5 \\ 3 \\ 1 \end{bmatrix}$$

可以观察到 $w_{xo}^t x_1 = 9(>0)$，所以 x_1 属于 X 类。类似地，$w_{x*}^t x_1 = 11.5(>0)$ 进一步证实 x_1 属于 X 类。此外，$w_{o*}^t x_1 = 14.5(>0)$ 表明 x_1 属于 O 类。然而，在三元分离器中，多数决策边界（三个中的两个）支持将 x_1 分类到 X 类，所以 x_1 属于 X 类。

（2）考虑模式 x_5，

$$x_5 = \begin{bmatrix} 6 \\ 6.5 \\ 1 \end{bmatrix}$$

可以观察到 $w_{xo}^t x_5 = -2.5(<0)$，所以 x_5 属于 O 类。并且 $w_{x*}^t x_5 = -20.5(<0)$ 表明 x_5 属于 $*$ 类。此外，$w_{o*}^t x_5 = 11.75(>0)$ 表明 x_5 属于 O 类。然而，在三元分离器中，多数决策边界（三个中的两个）支持将 x_5 分类到 O 类，所以 x_5 属于 O 类。

（3）考虑模式 x_9，

$$x_9 = \begin{bmatrix} 11 \\ 1 \\ 1 \end{bmatrix}$$

可以观察到 $w_{xo}^t x_9 = -30(<0)$，所以 x_9 属于 O 类。并且 $w_{x*}^t x_9 = -93(<0)$ 表明 x_5 属于 $*$ 类。此外，$w_{o*}^t x_9 = -38.5(<0)$ 表明 x_9 属于 $*$ 类。然而，在三元分离器中，多数决策边界（三个中的两个）支持将 x_9 分类到 $*$ 类，所以 x_9 属于 $*$ 类。

表中剩余的六个模式可以按照同样的方法进行分类（详见练习 11）。

考虑一下类型的两类模式分离的问题。对于每一个类型 C_i，创建一个包含所有剩余模式的类型 $\bar{C_i}$。因此，$\bar{C_i} = \bigcup_{j=1; j \neq i}^{C} C_j$，学习线性判别函数对每一个两类问题进行分类。注意，有 C 个这样的两类型问题。这 C 个线性判别给出整体决策。利用以下的例子说明这个方案。

【例 7.10】 考虑表 7.4 所示的二维数据。一共有三类模式，因此可能的二元分类器表示如下。

（1）分离 X 与 $\bar{X}$ 类模式。

转换和归一化后的数据见表 7.8。为了获得决策边界，利用感知训练算法来分离 X 与 $\bar{X}$ 这两类模式。

表 7.8   将 X 类模式与其他模式分离

模式号	1	2	偏差
1	0.5	3	1
2	1	3	1
3	0.5	2.5	1
4	−6	−6	−1
5	−6	−6.5	−1
6	−7	−6	−1
7	−10	−0.5	−1
8	−10	−1	−1
9	−11	−1	−1

① 首先,

$$w_1 = \begin{pmatrix} 0 \\ 0 \\ 0 \end{pmatrix}$$

并且

$$x_1 = \begin{pmatrix} 0.5 \\ 3 \\ 1 \end{pmatrix}$$

这里 $w_1' x_1 = 0$,因此 $w_2 = w_1 + x_1$ 可以表示为

$$w_2 = \begin{pmatrix} 0.5 \\ 3 \\ 1 \end{pmatrix}$$

w_2 正确分类了 x_2 和 x_3。

① 由于 $w_2' x_4 = -22 (<0)$,w_2 没能对 x_4 进行正确分类,因此将 w_2 更新为 $w_3 = w_2 + w_4$,即

$$w_3 = \begin{pmatrix} -5.5 \\ -3 \\ 0 \end{pmatrix}$$

w_3 可以正确分类 x_5、x_6、x_7、x_8 和 x_9。

② 然而 w_3 没能正确分类 x_1,更新 w_3 得到

$$w_4 = \begin{pmatrix} -5 \\ 0 \\ 1 \end{pmatrix}$$

③w_4 错误分类了 x_2，因此更新 w_4 得到

$$w_5 = \begin{pmatrix} -4 \\ 3 \\ 2 \end{pmatrix}$$

可以看出 w_5 可以对 x_3、x_4、x_5、x_6、x_7、x_8、x_9、x_1 和 x_2 进行正确的分类。w_5 正确分类了表 7.8 中所有的模式，因此 w_5 是所求向量。由于 w_5 将 X 类模式与其他模式分开，将其表示成 w_x。

（2）分离 O 与 $\overline{O}$ 类模式。

在这种情况下，将 O 类作为正标记，其他两类模式（X 和 $*$）作为负标记。因此，表 7.4 中给出的模式通过适当的变换和归一化，可以得到表 7.9 所示的数据。利用感知训练算法来分离 O 类模式与其他模式。

① 首先，

$$w_1 = \begin{pmatrix} 0 \\ 0 \\ 0 \end{pmatrix}$$

并且

$$x_1 = \begin{pmatrix} -0.5 \\ -3 \\ -1 \end{pmatrix}$$

这里 $w_1^t x_1 = 0$，因此 $w_2 = w_1 + x_1$ 可以表示为

$$w_2 = \begin{pmatrix} -0.5 \\ -3 \\ -1 \end{pmatrix}$$

继续使用该算法直到多次迭代之后得到所求向量 w_0（详见练习 11）

$$w_0 = \begin{pmatrix} -1.5 \\ 5.5 \\ -21 \end{pmatrix}$$

注意 w_0 可以对表 7.9 中的所有模式进行正确分类。

表 7.9 将 O 类模式与其他模式分离

模式号	1	2	偏差
1	-0.5	-3	-1
2	-1	-3	-1
3	-0.5	-2.5	-1
4	6	6	1
5	6	6.5	1
6	7	6	1
7	-10	-0.5	-1
8	-10	-1	-1
9	-11	-1	-1

② 分类 ∗ 类与 $\overline{\ast}$ 类模式。

这里应用感知训练算法来获得将 ∗ 类与 $\overline{\ast}$ 类模式分离的权向量 $w_{\ast}$。这里将 ∗ 类作为正标记,其他两类模式作为负标记。转换和归一化后的数据见表 7.10。

首先,

表 7.10 将 ∗ 类模式与其他模式分离

模式号	1	2	偏差
1	-0.5	-3	-1
2	-1	-3	-1
3	-0.5	-2.5	-1
4	-6	-6	-1
5	-6	-6.5	-1
6	-7	-6	-1
7	10	0.5	1
8	10	1	1
9	11	1	1

$$w_1 = \begin{pmatrix} 0 \\ 0 \\ 0 \end{pmatrix}$$

而经过四次更新得到权重向量(参考练习 14)

$$w_5 = \begin{bmatrix} 2.5 \\ -11.5 \\ -2 \end{bmatrix}$$

此外,w_5 可以对表 7.10 所有的模式进行正确分类。因此,

$$w_* = \begin{bmatrix} 2.5 \\ -11.5 \\ -2 \end{bmatrix}$$

观察到三个二元分类器是由 w_x、w_o 和 w_* 表征的。现在,如果利用这三个向量,并考虑表 7.4 中的模式,可以按如下的方式对模式进行分类。

(1) 考虑转换后的模式 x_1 由下式给出

$$x_1 = \begin{bmatrix} 0.5 \\ 3 \\ 1 \end{bmatrix}$$

可以观察到 $w_x^t x_1 = 9(>0)$,所以 x_1 属于 X 类。类似地,$w_o^t x_1 = -5.25(<0)$ 表明 x_1 不属于 O 类。另外,$w_*^t x_1 = -35.25(<0)$ 表明 x_1 不属于 $*$ 类。因此将 x_1 归类为 X 类。

(2) 考虑转换后的模式 x_5 由下式给出

$$x_5 = \begin{bmatrix} 6 \\ 6.5 \\ 1 \end{bmatrix}$$

可以观察到 $w_x^t x_5 = -2.5(<0)$,所以 x_5 不属于 X 类。接下来,$w_o^t x_5 = 5.75(>0)$ 表明 x_5 属于 O 类。另外,$w_*^t x_5 = -71.75(<0)$ 表明 x_5 不属于 $*$ 类。因此将 x_5 归类为 O 类。

(3) 考虑转换后的模式 x_9 由下式给出

$$x_9 = \begin{bmatrix} 11 \\ 1 \\ 1 \end{bmatrix}$$

可以观察到 $w_x^t x_9 = -39(<0)$,所以 x_9 不属于 X 类。接下来,$w_o^t x_9 = -32(<0)$ 表明 x_9 不属于 O 类。另外,$w_*^t x_9 = 14(>0)$ 表明 x_9 属于 $*$ 类。因此将 x_9 归类为 $*$ 类。

可以用类似的方式对表中其余六种模式进行分类(参考练习 15)。

另外,也可以应用感知来表征布尔函数。在下面的例子中讨论对布尔

"或"(由 $\vee$ 表示)函数进行训练感知。

【例 7.11】 考虑表 7.11 中布尔"或"函数的真值。

表 7.11 布尔"或"函数真值表

x_1	x_2	$x_1 \vee x_2$
0	0	0
0	1	1
1	0	1
1	1	1

对应于 $x_1 \vee x_2$ 的输出值 0 和 1,可以分为"0"和"1"两种类型。属于类 0 的有一种模式,属于类 1 的有三种模式。经过转换和归一化后,得到表 7.12 所示的四种模式(详见练习 16)。

表 7.12 转换和归一化后的布尔"或"数据

0	0	-1
0	1	1
1	0	1
1	1	1

为了训练感知,将进行以下几步计算。

(1) 初始化:

$$w_1 = \begin{pmatrix} 0 \\ 0 \\ 0 \end{pmatrix}$$

且

$$x_1 = \begin{pmatrix} 0 \\ 0 \\ -1 \end{pmatrix}$$

这里 $w_1^t x_1 = 0$,因此 $w_2 = w_1 + x_1$ 可以表示为

$$w_2 = \begin{pmatrix} 0 \\ 0 \\ -1 \end{pmatrix}$$

(2) $w_2^t x_2 = -1 < 0$,因此更新 w。$w_3 = w_2 + x_2$ 可以表示为

$$w_3 = \begin{bmatrix} 0 \\ 1 \\ 0 \end{bmatrix}$$

（3）经历一系列的更新最终得到

$$w_{10} = \begin{bmatrix} 2 \\ 2 \\ -1 \end{bmatrix}$$

注意 w_{10} 可以对所有四种模式进行正确分类（详见练习 17）。

7.2.3 线性判别的普遍性

线性判别函数的概念是一般性的。这个想法可以拓展到使用齐次形式处理非线性判别问题。例如，

$$f(x) = 1 + x + x^2 = 0 \tag{7.7}$$

可以表示为

$$f(x') = z^t x' = 0 \tag{7.8}$$

其中

$$z = \begin{bmatrix} 1 \\ 1 \\ 1 \end{bmatrix}$$

$$x' = \begin{bmatrix} x^2 \\ x \\ 1 \end{bmatrix}$$

这一问题可以用下面的例子来说明。

【例 7.12】 考虑一个二元分类器，如果 $f(x) > 0$，则将 x 分类为 O 类（正数类），如果 $f(x) < 0$ 则将 x 分类为 X 类（负数类），其中

$$f(x) = a + bx + cx^2 \tag{7.9}$$

基于以上讨论，这一问题等价于如果 $z^t x' > 0$，将模式 x 分类为 O 类，如果 $z^t x' < 0$，将模式 x 分类为 X 类，其中

$$z = \begin{bmatrix} a \\ b \\ c \end{bmatrix}$$

$$x' = \begin{bmatrix} 1 \\ x \\ x^2 \end{bmatrix}$$

考虑一组线性不可分的标记模式。具体地说，考虑表 7.13 所示的一维数据集。

表 7.13　线性不可分数据

模式号	x	类型
1	1	O
2	-1	O
3	2	O
4	-2	O
5	3	X
6	4	X
7	-3	X
8	-4	X

观察可知数据不是线性可分的。另外，决策边界是由 $f(x)=0$ 表征的。通过适当的变换和归一化，得到的数据见表 7.14，表中的数据包括 x' 的三个分量 1、x 和 x^2 的值。

表 7.14　归一化的线性不可分数据

模式号	1	x	x^2	偏差
1	1	1	1	1
2	1	-1	1	1
3	1	2	4	1
4	1	-2	4	1
5	-1	3	-9	-1
6	-1	4	-16	-1
7	-1	-3	-9	-1
8	-1	-4	-16	-1

利用感知学习算法来获得权向量 z。

（1）首先

$$z_1 = \begin{pmatrix} 0 \\ 0 \\ 0 \\ 0 \end{pmatrix}$$

且

$$x'_1 = \begin{pmatrix} 1 \\ 1 \\ 1 \\ 1 \end{pmatrix}$$

z_1 错误分类了 x'_1，因此更新为 $z_2 = z_1 + x'_1$。

（2）继续应用这一算法，最终得到 z_{27} 可以正确分类表 7.14 中所有八个模式，

$$z_{27} = \begin{pmatrix} 12 \\ -1 \\ -4 \\ 12 \end{pmatrix}$$

因此决策边界由下式给出

$$f(x) = 12 - x - 4x^2 + 12 = 0 \tag{7.10}$$

这个例子说明了线性判别的一般性。可以处理用线性判别处理线性不可分类。此外，也可以将这一想法扩展到量值 x。神经网络是学习此类广义线性判别的重要工具。将在下一节中处理这一问题。

7.3　神经网络

人工神经网络是通过观察人类大脑是如何工作进化而来的。人类的大脑拥有数以百万计的神经元，神经元之间通过电化学信号传递信息。接收神经信号的节点称为突触。输入信息在一个神经元处被以某种方式组合，如果它高于阈值，神经元被触发并通过轴突输出送到其他神经元。这个原理也可用于人工神经网络。从现在开始，也用"神经网络"来表示人工神经网络。

神经网络的输出取决于输入和网络的权重。神经网络的训练包括使得网络对于每个输入给出正确的输出。它首先对网络中的每个链路采取随机权重。当一个输入进到网络中，可以得到它的输出。如果输出正确，则不改变网络的权重。如果输出不正确，计算误差并用来更新网络中所有

的权值。这一过程需要输入大量的输入,直到对所有的输入输出都是正确的。学习神经网络即是对权重进行适当的调整。

7.3.1　人工神经元

神经网络是由人工神经元组成的。这些神经元与人脑中的神经元以相同的方式建模。输入经过神经元的加权并输出代数和,如果该代数和超过一阈值,神经元输出一个信号。例如,如果代数和超过阈值,则输出一个1;否则输出一个 0。人工神经元示意图如图 7.2 所示。

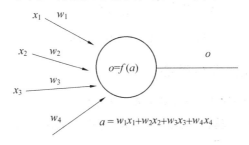

$$a = w_1x_1 + w_2x_2 + w_3x_3 + w_4x_4$$

图 7.2　特征空间下的模式表示

如果 $x_1, x_2, \cdots, x_n$ 为输入神经元,对应的权重为 $w_1, w_2, \cdots, w_n$,激活值为

$$a = w_1 x_1 + w_2 x_2 + \cdots + w_n x_n$$

神经元的输出 o 是激活值的函数。一个常用的激活函数是图 7.3 中所示阈值为 t 的阈值函数,其中 t 是阈值。可以写成

如果 $a \geqslant t$,则输出 $= o = 1$

如果 $a < t$,则输出 $= o = 0$

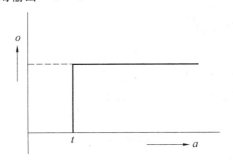

图 7.3　阈值激活函数

在感知学习中使用激活函数。考虑例 7.8 中验证的问题。决策边界的方程为 $5x_1 - 9x_2 - 2 = 0$,或者写成 $5x_1 - 9x_2 = 2$。考虑表 7.1 给出的

相应的原始数据模式。很容易验证对于每个标记为 X 的模式，

$$5x_1 - 9x_2 < 2$$

对于每个标记为 O 的模式，均有

$$5x_1 - 9x_2 > 2$$

相应的感知器如图 7.4 所示。

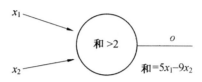

图 7.4　例 7.8 中问题的感知器

7.3.2　反馈前向网络

这是最简单的网络，包含输入单元和输出单元。输入单元的所有节点均连接到输出单元，输出单元的输出即是网络的输出，如图 7.5 所示。

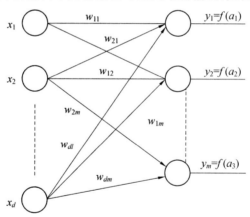

图 7.5　前馈网络

令输入层具有节点 $I_1, I_2, \cdots, I_d$，输出节点为 $O_1, O_2, \cdots, O_m$。输入为 $x_1, x_2, \cdots, x_d$。输入层到输出层的权重是 $w_{11}, w_{12}, \cdots, w_{1m}, \cdots, w_{d1}, w_{d2}, \cdots, w_{dm}$。输出为 $y_1, y_2, \cdots, y_m$。注意，图 7.4 所示的感知网络是一个 $d=2$、$m=1$ 的前馈网络。相应的权值为 $w_{11}=5, w_{21}=-9$。使用阈值 $t=2$ 的阈值激活函数。

训练

网络的权值是在 0 到 1 之间随机设定的。当一个输入给到网络时，输出单元 $i(1 \leqslant i \leqslant m)$ 的激活值为

$$a_i = w_{1i}x_1 + w_{2i}x_2 + \cdots + w_{di}x_d$$

第 i 个单元的输出为 $o_i = f(a_i)$。

当训练模式输入到网络时,知道其正确的输出(或目标)。令正确的输出为 $t_1, \cdots, t_m$。第 i 个输出节点的误差为 $e_i = t_i - o_i$。这些误差值用于反向传播来更新神经网络的权重。权重更新步骤如下。第 j 个输入节点和第 i 个输出节点之间的权值可以更新如下:

$$w_{ji} = w_{ji} + \alpha \times x_j \times e_i \qquad (7.11)$$

将通过下面的例子来说明这一概念。

【例 7.13】 考虑表 7.15 中给出的数据,共有四种模式,每一个都是四维的($d = 4$)且有两个目标输出($m = 2$)。

表 7.15 具有两个输出单元的四维数据

模式号	x_1	x_2	x_3	x_4	t_1	t_2
1	1	0	0	0	1	0
2	0	1	0	0	1	0
3	0	0	0	1	0	1
4	0	0	1	0	0	1

① 假设所有的权值初始值均为 0.5。也就是说,$w_{ji} = 0.5$(对所有的 $1 \leqslant j \leqslant 4$ 且 $i = 1, 2$)。

② 考虑第一个模式,$x_1 = 1, x_2 = x_3 = x_4 = 0$。因此 $a_1 = 0.5$ 且 $a_2 = 0.5$。使用阈值 $t = 0$ 的阈值激活函数。所以有 $o_1 = o_2 = 1, e_1 = t_1 - o_1 = 0$,$e_2 = t_2 - o_2 = -1$。

③ 可以利用 $\alpha = 0.5$ 和等式(7.11)更新权重:

$w_{11} = 0.5 + 0.5 \times 1 \times 0 = 0.5; w_{12} = 0.5 + 0.5 \times 1 \times (-1) = 0$
$w_{21} = 0.5 + 0.5 \times 0 \times 0 = 0.5; w_{22} = 0.5 + 0.5 \times 0 \times (-1) = 0.5$
$w_{31} = 0.5 + 0.5 \times 0 \times 0 = 0.5; w_{32} = 0.5 + 0.5 \times 0 \times (-1) = 0.5$
$w_{41} = 0.5 + 0.5 \times 0 \times 0 = 0.5; w_{42} = 0.5 + 0.5 \times 0 \times (-1) = 0.5$

④ 考虑第二个模式,$x_2 = 1, x_1 = x_3 = x_4 = 0$。更新权重之后,发现 w_{ji} 的值不变,w_{22} 的值变成了 0(练习 18)。

⑤ 对剩下的两个模式进行表示和更新权重之后,得到如下的权值(练习 18):

$$w_{11} = w_{21} = 0.5; \quad w_{31} = w_{41} = 0$$
$$w_{12} = w_{22} = 0; \quad w_{32} = w_{42} = 0.5$$

⑥ 利用这些权值,可以看出所有四个模式均被正确分类。因此 $e_1 =$

$e_2 = 0$，权值不会因为这四种模式而改变。

7.3.3 多层感知机

上一节中讨论的简单前馈网络可以处理线性可分类的分类问题。它不能代表非线性决策边界。例如，考虑在表 7.16 中所示的数据。它显示的是布尔"异或"的真值表，它有两个输入（$d = 2$）和一个输出（$m = 1$）。它是对应于 g 的真值"0"和"1"的两类问题。令 $w_{11} = a$，$w_{12} = b$，其中 a 和 b 是实数。

表 7.16 异或真值表

x_1	x_2	$g(x_1, x_2)$
0	0	0
0	1	1
1	0	1
1	1	0

假设阈值为 c，对于类型"1"，需要证明 $ax_1 + bx_2 > c$，对于类型"0"，需要证明 $ax_1 + bx_2 \leqslant c$。所以，对应于表中的四个模式得到以下不等式：

$$a.0 + b.0 \leqslant c \qquad (7.12)$$

$$a.0 + b.1 > c \qquad (7.13)$$

$$a.1 + b.0 > c \qquad (7.14)$$

$$a.1 + b.1 \leqslant c \qquad (7.15)$$

由式（7.12）可知，c 为非负数。由式（7.13）和（7.14）可知，a、b 为正数且均大于 c，然后式（7.15）要求 $a + b$ 小于或等于 c，显然与式（7.12）、（7.13）和（7.14）矛盾。所以，一个前馈网络不能处理非线性决策边界。为了处理这样的非线性函数，需要多层网络。除了输入和输出单元，它们也包含一层或两层的隐藏节点。由于引入了隐藏层，非线性函数也可以被处理。图 7.6 所示为具有一个隐藏层的多层感知器。

输入为 $x_1, x_2, \cdots, x_d$。从输入到隐藏层的权重为 $w_{11}, w_{12}, \cdots, w_{21}, w_{22}, \cdots, w_{dk}$。隐藏层到输出层的权重为 $h_{11}, h_{12}, \cdots, h_{km}$。隐藏单元 j（$1 < j < k$）的激活值为

$$ah_j = x_1 \times w_{1j} + x_2 \times w_{2j} + \cdots + x_m \times w_{mj}$$

第 j 个隐藏节点的输出为 $oh_j = f(ah_j)$，输出节点 l 的激活值为

$$a_1 = oh_1 \times h_{11} + oh_2 \times h_{21} + \cdots + oh_k \times h_{k1}$$

输出节点 o_i 的输出是 $o_i = f(a_i)$。如果目标输出是 $t_1, t_2, \cdots, t_n$，输出节点 o_i 的误差为 $e_i = t_i - o_i$。隐藏单元和输出单元之间的权重被更新如下：

$$h_{ji} = h_{ji} + \alpha \times o_j \times e_i \times g'(a_i)$$

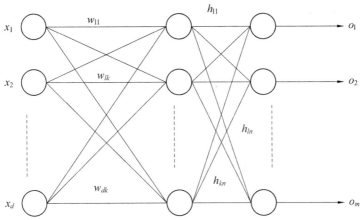

图 7.6　具有一个隐藏层的多层感知器

这种更新方案是基于梯度下降法来最小化目标和所得到的输出值之间的误差。输入单元和隐藏单元之间的权重可以通过类似的方式更新。要求激活函数 $g()$ 是可微的。注意,该阈值函数不可微。一个常用的可微激活函数是图 7.7 所示的 Sigmoid 函数。

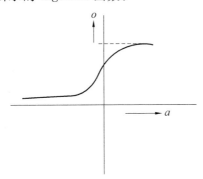

图 7.7　Sigmoid 函数

这一函数可以写成

$$o(a) = \frac{1}{1 + e^{-a}}$$

图 7.8 所示为一个具有 2 个输入节点、2 个隐藏节点和 1 个输出节点的多层网络。

可以验证该网络可用于表征处理异或(XOR)功能所需的非线性决策边界。

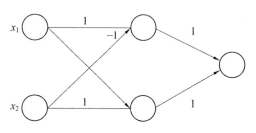

图 7.8　进行异或的多层网络

7.4　面向分类的支持向量机

支持向量机(SVM)是支持向量的集合的抽象,支持向量是训练向量的一部分。这可以用下面的例子来加以说明。

【例 7.14】　考虑在图 7.9 中所示的二维空间中的三个点。这些点属于两个类型"X"和"O"。这里,$(1,1)'$ 和 $(2,2)'$ 属于 X 类,$(2,0)'$ 属于 O 类。直线 $x_1-x_2=0$ 和 $x_1-x_2=2$ 分别为 X 类和 O 类的决策边界。这些直线称为支持线,这些点称为支持向量。这三个支持向量便可以表征分类器。现在考虑在类型 X 中加入点 $(1,2)'$、$(1,3)'$ 和 $(2,3)'$,在类型 O 中加入点 $(2,-1)'$、$(1,-2)'$ 和 $(1,-3)'$。它们被支持线(依次使用支持向量)进行适当的分类。事实上,X 类型的任何一点满足 $x_1-x_2<0$ 均可被正确分类。类似地,O 类型的任何一点满足 $x_1-x_2>2$ 均可被正确分类。两条线之间的区域称为分类间隔,因为支持线对应于分类间隔的最大值,它们尽可能远离彼此。

直线 $x_1-x_2=1$ 距离两条决策边界的距离是相等的,它形成了两种类型之间的正确决策边界。符合 $x_1-x_2<1$ 特性的点被分为 X 类,符合条件 $x_1-x_2>1$ 的被分为 O 类。

通过以上讨论,得出如下结论:

①SVM 可被视为一个二进制(2 类)分类器。它从数据中抽象出线性边界并利用它来分离两类模式。

② 支持向量是一些在 d 维空间中落在支持面上的向量。在二维空间中($d=2$),用支持线表征决策边界。

③ 支持向量机从数据中以 $w'+b$ 的形式学习线性判别,其中 w 是权向

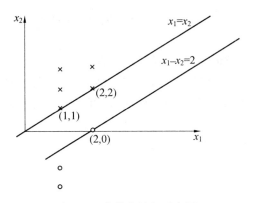

图 7.9 支持向量机示意图

量 $,b$ 是阈值。不同于其他学习算法（包括感知算法），支持向量机学习线性判别使分类间隔余量最大化。

④ 当两个类线性可分时，很容易观察和计算最大余量。因此，从线性可分类开始讨论。

7.4.1 线性可分条件

以一个简单的二维情况为例。

【例 7.15】 考虑图 7.9 中属于 X 类的点 $(1,1)'$、$(2,2)'$ 和属于 O 类的点 $(2,0)'$。它们是线性可分的。事实上，可以得出一些（可能是无穷多条）直线正确分离由这三点所代表的两个类型。使用感知学习算法，得到由 $x_1 - 3x_2 - 1 = 0$ 表征的决策边界（参照练习 20）。另外可以完成分离的直线为 $x_1 - 2x_2 = 0$ 和 $x_1 - x_2 = 1$。可以加入额外的限制条件来固定分离两种类型的决策边界。

在 SVM 的情况下，选择产生最大分类间隔的决策边界。当模式线性可分时，可以得到对应于最大分类间隔的结果作为决策边界。例如，考虑图 7.9 中的三种模式。在这个二维例子中，一个类型的两个点足够表征支持线。对于 X 类的点 $(1,1)'$ 和 $(2,2)'$，支持线为 $x_1 - x_2 = 0$。现考虑平行于该支持线且经过 O 类的点 $(2,0)'$ 的直线。这条直线是 $x_1 - x_2 = 2$，它是类型 O 的支持线。这两条线，即 $x_1 - x_2 = 0$ 和 $x_1 - x_2 = 2$ 表征着隔离带。所以与这两条线距离相等的决策边界为 $x_1 - x_2 = 1$。

因此能够获得形如 $f(x) = w^t x + b$ 的线性分离器。考虑直线 $x_1 - x_2 = 1$ 上的两点 $(1,0)'$ 和 $(2,1)'$。因为这些点在决策边界上，需要 $w = (w_1, w_2)'$ 满足

$$w_1 + b = 0 \quad (\text{对应点}(1,0)')$$

和

$$2w_1 + w_2 + b = 0 \quad (\text{对应点}(2,1)')$$

从以上两式可以得出 $w_1 + w_2 = 0$。因此 w 的形式为 $(a, -a)'$,相应的 $b = -a$。一般情况下 a 是常数。然而,最好以归一化的方式选择 a 的值。例如,可以方便地选择一个 a 使得决策边界上所有的点满足 $w'x + b = 0$,支持线 $x_1 - x_2 = 2$ 上的点满足 $w'x + b = 1$,支持线 $x_1 - x_2 = 0$ 上的点满足 $w'x + b = -1$。

这可以通过将 a 值定为 1 来实现。因此,对应地,$w = (1, -1)'$ 且 $b = -1$。

考虑 d 维空间下超平面 $w'x + b = 1$ 与决策边界 $w'x + b = 0$ 的垂直距离。利用式(7.5),可以得出距离为 $\dfrac{w'x + b}{\parallel w \parallel}$。由于 x 的位置,有 $w'x + b = 1$。因此两个平面 $w'x + b = 1$ 和 $w'x + b = 0$ 之间的距离为 $\dfrac{1}{\parallel w \parallel}$。

类似地,平面 $w'x + b = -1$ 与 $w'x + b = 0$ 之间的距离也为 $\dfrac{1}{\parallel w \parallel}$,两个支持面 $w'x + b = 1$ 与 $w'x + b = -1$ 之间的距离为 $\dfrac{2}{\parallel w \parallel}$,称为隔离带。将用下面的例子来说明这一问题。

【例 7.16】 考虑例 7.13 中的线性可分问题,此时两条支持线之间的距离为 $\dfrac{2}{\parallel w \parallel}$,其中 $w = (1, -1)$,因此例子中隔离带的宽度为 $\sqrt{2}$。

可以通过最小化 $\parallel w \parallel$ 的单调函数来获得最大距离(隔离带)。另外,每个模式均对 w 的值加了限制条件,因为 X 类的模式 x,希望其满足 $w'x + b \leqslant -1$,对于 O 类的每一个模式,需要 $w'x + b \geqslant 1$,一个常见的优化问题为

最小化

$$\frac{\parallel w \parallel^2}{2} \tag{7.16}$$

使得

$$w'x + b \leqslant -1 \quad (\forall x \in X) \tag{7.17}$$

且

$$w'x + b \geqslant 1 \quad (\forall x \in O) \tag{7.18}$$

用一个例子来介绍线性可分问题的解。

【例 7.17】 考虑表 7.17 所示的由三个点组成的一组一维数据。

表 7.17　一维数据 SVM

模式号	x	类型
1	1	X
2	2	X
3	4	O

这里,所求的 w 是一个标量,所以需要最小化的评价函数为 $\dfrac{w^2}{2}$,三个约束条件是(每个对应一个模式):

$$w + b \leqslant -1; \quad 2w + b \leqslant -1; \quad 4w + b \geqslant 1$$

这样的约束优化问题,由拉格朗日解的形式给出

$$\text{Min } J(w) = \frac{w^2}{2} - \alpha_1(-w - b - 1) -$$
$$\alpha_2(-2w - b - 1) - \alpha_3(4w + b - 1)$$

$$(7.19)$$

其中,α 是拉格朗日变量,每个对应一个约束。通过对 w 和 b 求导并令偏导数为 0,得到

$$\frac{\delta J}{\delta w} = 0 \Rightarrow w = -\alpha_1 - 2\alpha_2 + 4\alpha_3 \tag{7.20}$$

$$\frac{\delta J}{\delta b} = 0 \Rightarrow 0 = \alpha_1 + \alpha_2 - \alpha_3 \tag{7.21}$$

类似地,通过对 α 进行求导,得到

$$-w - b - 1 = 0 \tag{7.22}$$

$$-2w - b - 1 = 0 \tag{7.23}$$

$$4w + b - 1 = 0 \tag{7.24}$$

需要注意的是方程(7.22)和(7.23)相互矛盾。因此,利用式(7.23)和(7.24),可以得到 $w = 1, b = -3$。此外,对于最优解,要求 $\alpha_1 = 0$ 或 $-w - b - 1 = 0$。对于所选的值 $w = 1, b = -3$,$-w - b - 1 \neq 0$,因此 $\alpha_1 = 0$。从式(7.21)可以得到 $\alpha_2 = \alpha_3$,从式(7.20)可以得出 $1 = 2\alpha_3$。因此 $\alpha_2 = \alpha_3 = \dfrac{1}{2}$。决策边界由 $wx + b = 0$ 表征,这里 $w = 1, b = -3$,所以决策边界为 $x - 3 = 0$ 或 $x = 3$。

尽管上面例子中的数据是一维的,所述解决过程是一般性的。用一个二维例子说明这一问题。

【例 7.18】 考虑例 7.13 中所示的三个二维点,其中 $(1,1)$ 和 $(2,2)$ 属于 X 类,$(2,0)$ 属于 O 类。这里 w 是一个二维向量。因此,目标函数和三个约束条件为

最小化

$$\frac{\parallel w \parallel^2}{2} \tag{7.25}$$

使得

$$w^t x + b \leqslant -1 \quad (\forall x \in X) \tag{7.26}$$

且

$$w^t x + b \geqslant 1 \quad (\forall x \in O) \tag{7.27}$$

注意第 1 个约束条件是 $w^t x + b \leqslant -1$,其中 $x = (1,1)^t$,因此得到不等式 $w_1 + w_2 + b \leqslant -1$,将约束条件写成 w 的两个分量 w_1、w_2 的形式,对于 x 的相应分量,有拉格朗日解

$$J(w) = \frac{\parallel w \parallel^2}{2} - \alpha_1(-w_1 - w_2 - b - 1) -$$

$$\alpha_2(-2w_1 - 2w_2 - b - 1) - \alpha_3(2w_1 + b - 1) \tag{7.28}$$

将 $J(w)$ 对 w 求偏导并令导数为 0,可以得到

$$w + \alpha_1(1,1)^t + \alpha_2(2,2)^t - \alpha_3(2,0)^t = 0 \tag{7.29}$$

由上式可以得出

$$w_1 = -\alpha_1 - 2\alpha_2 + 2\alpha_3 \tag{7.30}$$

$$w_2 = -\alpha_1 - 2\alpha_2 \tag{7.31}$$

将 $J(w)$ 对 b 求偏导并令导数为 0,可以得到

$$\alpha_1 + \alpha_2 - \alpha_3 = 0 \tag{7.32}$$

同样,对 α 求偏导并令导数为 0,可以得到

$$-w_1 - w_2 - b - 1 = 0 \tag{7.33}$$

$$-2w_1 - 2w_2 - b - 1 = 0 \tag{7.34}$$

$$2w_1 + b - 1 = 0 \tag{7.35}$$

从式(7.34)和(7.35)可以得到 $-2w_2 - 2 = 0$,表明 $w_2 = -1$。另外,从式(7.33)和(7.35),可以得到 $w_1 + w_2 = 0$,这意味着 $w_1 = 1$。由 w_1 值和式(7.35)可以得到 $b = -1$。因此所求的解为 $b = -1$ 和 $w = \begin{pmatrix} 1 \\ 1 \end{pmatrix}$。

注意在这种情况下所有三个向量都是支持向量。由式(7.30)、(7.31)和(7.32),可以得出 α 的解。其解为 $\alpha_1 = 1, \alpha_2 = 0, \alpha_3 = 1$。一般性的表达式

为

$$w = \sum_i \alpha_i y_i x_i \qquad (7.36)$$

其中,对于正模式(O 类模式),y_i 值为 $+1$,对于负模式(X 类模式),y_i 值为 -1。

7.4.2 非线性可分条件

在前面的小节中,已经了解了处理线性可分类的模式分类机制。然而某些情况下类可能不是线性可分的。用一个简单的例子来说明这一问题。

【例 7.19】 考虑四种一维模式的集合,属于 O 类的 -3 和 3 以及属于 X 类的 -1 和 1。它们不是线性可分的。然而,如果用形如 $f(x)=x^2$ 的函数映射这些点,O 类模式的值为 9,X 类模式的值为 1,这些映射后的模式是线性可分的。

另一种可能性是将一维模式转换成二维模式。这会在下个例子中给出。

【例 7.20】 $f(x)=(x, x^2)'$ 将 O 类的点映射成 $(-3,9)'$ 和 $(3,9)'$,将 X 类的点映射成 $(-1,1)'$ 和 $(1,1)'$。它们也是线性可分的。

定义两个向量 $(p_1, p_2)'$ 和 $(q_1, q_2)'$ 的点积为 $p_1 q_1 + p_2 q_2$。一般情况下,可以将 d 维空间下的点映射到 $D(D > d)$ 维空间探索线性可分的可能性。可以用下面的例子加以说明。

【例 7.21】 考虑表 7.18 所示函数 f。

表 7.18 $f(x_1, x_2)$ 的真值表

x_1	x_2	$f(x_1, x_2)$
0	0	1
0	1	0
1	0	0
1	1	1

如果考虑分别用输出值 0 和 1 来表示类 X 和 O,那么这两个类型不是线性可分的。这可以用一个简单的讨论来说明。从反方向考虑,假设这两个类型是线性可分的。这意味着存在一条形如 $\alpha_1 x_1 + \alpha_2 x_2 + c = 0$ 的直线分离 X 类和 O 类的点。具体来说,X 类模式 (x_1, x_2) 满足不等式 $\alpha_1 x_1 + \alpha_2 x_2 + c < 0$,$O$ 类模式 (x_1, x_2) 满足不等式 $\alpha_1 x_1 + \alpha_2 x_2 + c > 0$。需要注

意的是,表中第一和第四行对应于 O 类,而其余两行(第二和第三)对应 X 类。所以得到以下的不等式:

第一行:$c > 0$

第四行:$\alpha_1 + \alpha_2 + c > 0$

第二行:$\alpha_2 + c < 0$

第三行:$\alpha_1 + c < 0$

这四个不等式矛盾,将前两个不等式相加,得到

$$\alpha_1 + \alpha_2 + 2c > 0 \tag{7.37}$$

将后两个不等式相加,得到

$$\alpha_1 + \alpha_2 + 2c < 0 \tag{7.38}$$

与之矛盾。这清楚地表明,这两个类不是线性可分的。但是,通过使用特征 $x_1 \wedge x_2$,得到了更高维度表示(额外的特征使二维空间变成三维空间)。f 的相应真值表见表 7.19。

表 7.19 $f(x_1, x_2, x_1 \wedge x_2)$ 的真值表

x_1	x_2	$x_1 \wedge x_2$	$f(x_1, x_2, x_1 \wedge x_2)$
0	0	0	1
0	1	0	0
1	0	0	0
1	1	1	1

需要注意的是在三维空间中,这些类是线性可分的。在这种情况下,需要考虑将 O 类与 X 类分开的平面(参见练习 23)。

另外,在支持向量机中,这样做是使得在 D 维空间中的点积计算变成 d 维空间中的点积计算。例如,考虑一个从二维空间到三维空间的映射,二维空间中的点 $(p,q)^t$ 被映射成三维空间中的点 $(p^2, q^2, \sqrt{2}\, pq)^t$。现在,在三维空间中的两个点之间的点积可使用二维空间中相应的向量的点积的函数来表示(参照练习 22)。

问 题 讨 论

本章的重点是使用线性决策边界进行多维模式的分类。具体来说,对感知分类器、学习分类器的权向量的算法进行了详细讨论。对相关的分类器和扩展的神经网络做了大量的工作和讨论。对前馈网络和多层感知进行了讨论。支持向量机是基于线性决策边界的分类器,在高维空间中也适

用。在过去的十年中,它们已经获得了广泛的关注。本章给出了支持向量机的简要介绍。

延伸阅读材料

Duda 等人关于模式分类的著作(2001)对线性判别函数和广义线性判别函数做了一个很好的介绍。

Minsky 和 Papert (1988)对于感知做出了权威的讨论,明确规定了感知网络的功率和局限性。Rumelhart 等(1986)提出的反向传播算法在训练多层前馈网络中非常普及。Freeman 和 Skapura (1992)对各种神经网络和相应的训练算法给出了很好的介绍。用于训练多层感知的反向传播算法本质上是梯度下降方法。可以观察到使用这种算法可以得到优化问题的局部最优解。这促使研究人员寻找更可靠的方案来训练神经网络。SVM 可以被看作是最新型的线性判别函数。Burges (1998)提供了一个优秀而权威的教程涵盖了支持向量机和它们在模式识别中的作用。Platt (1998)提出了一个训练支持向量机的有效方案。

习 题

1.证明图 7.1 中属于 X 类的模式满足 $x_1 - x_2 < 0$(它们在负半空间),属于 O 类的模式在正半空间。

2.考虑如图 7.1 所示的二维模式。证明 $x_1 = x_2$、$2x_1 - 2x_2 = -1$ 和 $2x_1 - 2x_2 = 1$ 互相平行。并求出每种情况下 w 和 b 的值。

3.证明在 $d \geqslant 2$ 时,d 维空间中的权向量 w 与决策边界正交。

4.令 θ 为 w 与 x 的夹角,证明 $\cos \theta$ 是正数时,$w^t x > 0$。

5.考虑图 7.1 所示的二维模式,决策边界为 $x_1 - x_2 = 1$。证明任意一点 (α, α)(α 是实数)到决策边界的距离为 $\dfrac{-1}{\sqrt{2}}$。

6.考虑表 7.20 中给出的异或真值表,输出 1 对应 X 类,输出 0 对应 O 类。证明这两个类型不是线性可分的。

表 7.20 XOR 真值表

x	y	$\text{XOR}(x,y)$
0	0	0
0	1	1
1	0	1
1	1	0

考虑表 7.21 中所示的属于 X 类和 O 类的二维模式。应用感知学习算法求出相应的 w 和 b 的值。并用该分类器对 $(1,1)'$ 进行分类。

表 7.21 模式的描述

模式号	1	2	类型
1	0.5	1.0	X
2	1	2	X
3	0.5	1.5	X
4	1.5	1.5	X
5	1.5	2	X
6	4.5	1.5	O
7	5	1.5	O
8	4.5	2.5	O
9	5.5	1.5	O

8. 考虑三种模式,属于 X 类的 $(1,1)'$、$(2,2)'$,属于 O 类的 $(2,0)'$。应用感知学习算法证明决策边界为 $x-3y-1=0$。

9. 考虑 7.2.2 中讨论的分离 X 类和 $*$ 类的两类型问题。证明训练算法得到的权向量 $w_4 = \begin{bmatrix} -9 \\ 5 \\ 1 \end{bmatrix}$ 能正确分类表 7.6 中所有六个模式。

10. 考虑 7.2.2 中讨论的分离 X 类和 $*$ 类的两类型问题。证明训练算法如何得到权向量 $w_{o*} = \begin{bmatrix} -4 \\ 5.5 \\ 0 \end{bmatrix}$,使其能正确分类表 7.7 中所有六个模式。

11. 考虑利用 7.2.2 中讨论的三元分类器对表 7.4 中的模式进行分类。这里,每一个分类器处理一对类型。表中的九个模式有三个已经被分类(x_1, x_5, x_9),证明所有剩余的六个模式可用权向量 w_{xo}、w_{x*} 和 w_{o*} 进行正确分类。

12. 考虑在练习 9 中给出的三类型分类问题。任意二维模式均能被正确分类吗? 具体来说,利用获得的权向量可以正确分类模式(2, 0.5)吗?

13. 考虑表 7.9 中给出的数据。证明 $w_o = \begin{bmatrix} -1.5 \\ 5.5 \\ -21 \end{bmatrix}$。

14. 考虑表 7.10 中给出的数据。证明 $w_o = \begin{bmatrix} 2.5 \\ -11.5 \\ -2 \end{bmatrix}$。

15. 考虑 7.2.2 节中讨论的多类型分类问题,其中三种分类器都是一对多的。使用表 7.4 中所示的数据,可以得到向量 w_x, w_o 和 w_* 并用于分类三种模式。利用这些权向量来分类剩余的六种模式 x_2、x_3、x_4、x_6、x_7 和 x_8。

16. 利用例 7.11 中给出的细节证明表 7.12 中给出的数据是表 7.11 中给出的数据转换和归一化后的版本。

17. 考虑例 7.11 中讨论的布尔或问题,证明权向量序列,直到 w_{10} 才能正确分类所有四个模式。

18. 根据表 7.15 中给出的数据完成 7.3.2 中训练过程中省去的步骤。

19. 考虑图 7.8 所示的多层感知网络,证明它可以用于描述多层网络中讨论的异或方程。

20. 考虑例 7.14 中给出的两类型问题。这里,(1,1) 和 (2,2) 属于 X 类,(2,0) 属于 O 类。证明感知学习算法给出的决策边界为 $x_1 - 3x_2 - 1 = 0$。

21. 考虑如图 7.9 所示的数据。利用 7.3.1 中讨论的支持向量机学习算法计算 w, b 和 α_i,其中 $i = 1, \cdots, 9$。

22. 考虑 7.3.2 中将二维点 (p, q) 映射成三维点 $(p^2, q^2, \sqrt{2}\,pq)$ 的映射。说明怎样将三维空间下两个向量的点积用二维空间下相应点的点积进行表示。

23. 考虑表 7.19 所示的 f 的真值表。令输出 0 对应于类型 X,输出 1 对

应于类型 O。证明这两个类型是线性可分的。

上 机 练 习

1. 编写一个程序来学习可以用于分离属于两个线性可分类的模式的感知权向量,并用这个程序分离表 7.3 中的两类数据。

2. 扩展上机练习 1 中的程序使之能处理多类型分类问题,并利用这个程序分离表 7.4 中所示的三类数据。

3. 编写一个程序用于训练前馈网络。

4. LIBSVM ($http://www.csie.ntu.edu.tw/cjlin/libsvm/$)和 SVM-light ($http://svmlight.joachims.org/$)是进行 SVM 训练的两个常用的软件包。熟悉这两个软件并用它们解决两类型分类问题。

本章参考文献

[1] R. O. Duda, P. E. Hart, D. G. Stork. *Pattern Classification*. Second Edition. Wiley—Interscience. 2001.

[2] M. L. Minsky, S. Papert. *Perceptrons: An Introduction to Computational Geometry*. Cambridge: MIT Press. 1988.

[3] D. E. Rumelhart, G. E. Hinton, R. J. Williams. Learning internal representations by backpropagating errors. *Nature* 323(99): 533-536. 1986.

[4] C. J. C. Burges, A tutorial on support vector machines for pattern recognition. *Data Mining and Knowledge Discovery* 2: 121-168. 1998.

[5] J. C. Platt, Fast training of support vector machines using sequential minimal optimization. In *Advances in Kernel Methods-Support Vector Learning* edited by B. Scholkopf, C. J. Burges, and A. Smola. pp. 185-208. MIT Press. 1998.

[6] J. A. Freeman, D. M. Skapura. *Neural Networks*. Pearson Education. 1992.

第8章　多分类器组合

学习目标:

学习本章之后,你将会:

① 了解为什么组合分类器比单一分类器应用更为广泛。构造组合分类器有多种不同的方法,分别是

— 使用如下方法对测试实例进行子采样。

＊ 套袋算法。

＊ 省略互不相交的子集。

＊ ADABOOST 算法。

— 控制输入特征。

— 控制输出目标。

— 将随机性引入学习算法。

② 学习组合分类器的不同方法。

8.1 简　　介

组合分类器是将一系列分类器的独立决策组合起来用于分类新样本。组合分类器通常比组成它的单个分类器要准确得多。原因之一可能是待测数据没有提供足够的信息来选择单个最佳分类器,而组合是最好的折中。另一个原因可能是使用的学习算法不能解决提出的高难度搜索问题。由于解决搜索问题难度较大,因此在搜索中会使用合适的启发式算法。由此导致的问题是,尽管有了测试样本和先验知识,也很可能找不出这个存在的唯一的最好假设。组合分类器是补偿不完善的分类器的一种方式。使用的学习算法可以提供真值的一个很好的近似值,但是并非正确的假设。通过对这些近似值进行加权组合,就可以表示出真正的假设。实际上,这种组合等效于非常复杂的决策树。

【**例8.1**】　图 8.1 给出了包含类 X 和类 O 两个类的数据集合。样点是:

$$X_1 = (0.5, 1, X), \quad X_2 = (1, 1, X),$$

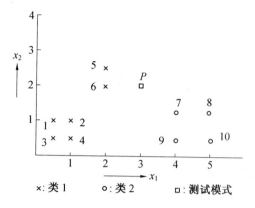

图 8.1 训练数据集合和测试模式

$$X_3 = (0.5, 0.5, X), \quad X_4 = (1, 0.5, X),$$
$$X_5 = (2, 2.5, X), \quad X_6 = (2, 2, X),$$
$$X_7 = (4, 1.25, O), \quad X_8 = (5, 1.25, O),$$
$$X_9 = (4, 0.5, O), \quad X_{10} = (5, 0.5, O)$$

如果不同的分类器是通过从训练集合中取不同的子集形成的，那么任何包含 X_5 和 X_6 或其中之一的训练集合会根据最近邻算法将待测样点 $P(3, 2)$ 分类为类 X。但是如果这些样点不在子集内，那么 P 将被分类为类 O。如果大多数分类器不包含 X_5 和 X_6，并且组合分类器是根据多数表决方式形成的，则 P 将被分类为类 O。如果大多数分类器包含 X_5 和 X_6 或其中之一，那么 P 将被分类为类 X。

8.2　构建集成分类器的方法

这些方法使每个分类器的输入不同。具体构建方法包括训练样本的子采样、控制训练集合的功能、控制输出目标和引入随机性以及一些针对特殊算法的一些方法。

8.2.1　训练样本的二次抽样

训练样本的二次抽样是指从一个训练集中获取一些简化数据集，将学习算法针对这些简化数据集多次运行。对于使训练集中微小变化引起的输出分类器的较大变化的算法，这种方法效果很好。数据集被简化的方式主要是通过选择训练集的子集或者使用每种情况下特征值的不同子集。

1. 套袋方法

每次运行时，这种方法可以给分类器提供一个包含从原始训练集的 n 项中随机抽取的 m 个训练样例的训练集。这样的训练集称为引导复制的原始训练集，这项技术被称为引导聚集。每个引导复制包含大约原始训练集的三分之二，其中某些样点可能多次出现。

【例 8.2】 考虑下面的数据集：

$X_1 = (1,1,X)$，$X_2 = (2,1,X)$，$X_3 = (3.3,1,X)$，$X_4 = (1,2,X)$，

$X_5 = (2,2,X)$，$X_6 = (5,1,O)$，$X_7 = (6,1,O)$，$X_8 = (5,2,O)$，

$X_9 = (6,2,O)$，$X_{10} = (5,3,O)$

这里每个三维点给出了第一特征值、第二特征值和类标签，如图 8.2 所示。

如果测试点为 $(4,2)$，使用给定的训练集，它更靠近类 O，这种情况下如果使用最近邻算法它将被归类于类 O。如果使用套袋算法，并且用来分类的两个点从每个类中随机选取，那么待测样点的类将会因抽取的类的不同而不同。如果从类 X 中抽取样点 3 和 5，从类 O 中抽取样点 7 和 9，那么测试样点将被归类属于类 X。而如果从类 X 中抽取样点 1 和 4，从类 O 中抽取样点 6 和 7，那么测试样点将被归类属于类 O。如果分类是从两个类中随机抽取不同样点多次进行，将会组合这些结果来找到测试样点所属的类。

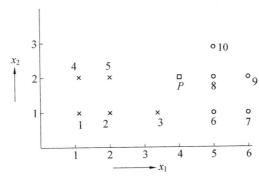

图 8.2 有两个类的训练数据集合

2. 省略互不相交的子集

原始的训练集划分成若干个互不相交的子集，然后就可以通过丢弃这些子集中的一个来构建不同的重叠训练集。

【例 8.3】 考虑图 8.2 给出的数据集，假设互不相交的子集为 $S_1 = \{1,2\}$、$S_2 = \{4,5\}$、$S_3 = \{3\}$、$S_4 = \{6,7\}$、$S_5 = \{8,10\}$、$S_6 = \{9\}$。

如果子集 S_1 和 S_4 被丢弃,那么数据集将包含点 $\{3,4,5,8,9,10\}$,P 点被分类为类 O。通过以这种方式丢弃每个类的一个子集,可以得到不同的数据集合。如果 S_1 和 S_5 被丢弃,数据集将包含点 $\{3,4,5,6,7,9\}$,则 P 点被分类为类 X。 如果 S_1 和 S_6 被丢弃, 数据集将包含点 $\{3,4,5,6,7,8,10\}$,则 P 点被分类为类 O。如果 S_2 和 S_4 被丢弃,数据集将包含点 $\{1,2,3,8,9,10\}$,则 P 点被分类为类 O。如果 S_2 和 S_5 被丢弃,数据集将包含点 $\{1,2,3,6,7,9\}$,则 P 点被分类为类 X。如果 S_2 和 S_6 被丢弃,数据集将包含点 $\{1,2,3,6,7,8,10\}$,则 P 点被分类为类 O。如果 S_3 和 S_4 被丢弃,数据集将包含点 $\{1,2,4,5,8,9,10\}$,则 P 点被分类为类 O。如果 S_3 和 S_5 被丢弃,数据集将包含点 $\{1,2,4,5,6,7,9\}$,则 P 点被分类为类 X。如果 S_3 和 S_6 被丢弃,数据集将包含点 $\{1,2,4,5,6,7,8,10\}$,则 P 点被分类为类 O。这样,进行数次操作之后,P 的分类取决于丢弃的子集,这些决策的组合将决定 P 的分类。

3. ADABOOST 算法

通过粗略且适度地组合不精确的拇指规则来产生一个非常准确的预测规则的一般问题被称为引导。 引导器有一组带标签的训练实例 $(x_1,\theta_1),\cdots,(x_N,\theta_N)$,其中 θ_i 是与实例 x_i 相关的标签。在 $t=1,\cdots,T$ 的每一轮,引导器都会在这些实例集合上设置一个分布 D_t,并且使用一个相对于 D_t 来说有一个较小误差 ε_t 的弱假设 h_t。任何分类器都可以应用在这一点上。这个弱分类器可以是一个决策树桩 —— 一个深度为 1 的决策树。换句话说,分类是基于一个单一的决策点。这样,分布 D_t 指定了当前这轮的每个实例的相对重要性。引导器必须将弱假设结合成一个单一的预测规则。

ADABOOST 就是一个引导算法,它在训练集合上保持一个概率分布 $p_t(x)$。在每次迭代 t 中,它根据概率分布 $p_t(x)$ 进行有放回抽样,以此得到一个大小为 m 的训练集。在这个训练集上使用分类器,计算分类器的误差率 e_t 并用来调整训练集的概率分布。概率分布是通过归一化训练集的权值 $\omega_t(i)$,$i=1,\cdots,n$ 得到的。权重变化的影响是加大被分类器错误分类的训练模式的权重并减少正确分类的模式的权重。最终的分类通过每个分类器投票加权来构建。每个分类器是通过训练它的分布 p_t 的精确性来加权的。

假设输入是大小为 n 的训练集 S,引导器是 I,试验次数为 T。算法如下:

第一步:$S'=S$,权重分配为 1;$m=n$。

第二步:考虑 i 从 1 到 T。

第三步:$C_i = I(S')$。

第四步:$\varepsilon_i = \dfrac{1}{m} \sum\limits_{x_j \in S':C_i(x_j) \neq y_j} \text{weight}(x)$。

第五步:如果 $\varepsilon_i > \dfrac{1}{2}$,将 S' 设为 S 中每个实例的权重为 1 的引导,然后回到第三步。

第六步:$\beta_i = \dfrac{\varepsilon_i}{1 - \varepsilon_i}$。

第七步:对任意 $x_j \in S'$,如果 $C_i(x_j) = y_j$,那么
$$\text{weight}(x_j) = \text{weight}(x_j) \cdot \beta_i$$

第八步:规范化实例的权重使 S' 的总权重为 m。

第九步:
$$C^*(x) = \arg\max_{y \in Y} \sum_{i:C_i(x)=y} \log \frac{1}{\beta_i}$$

在上面的算法中,每个权重值取为 1,从整个训练数据开始。选定一个分类器。该分类器的误差 ε 是通过将错误分类的样本的权重相加然后总和除以样本总数 m 获得的。这就得到了第四步中的方程。第六步中计算的 β 代表分类过程中的误差。分类正确的样本权重通过将权重乘以 β 来更新(减少)。它们被规范化了,因此和为 m。整个过程对不同分类器都执行。引导器(I)决定了使用的分类器。第五步用来确定分类器的误差值不会变得太高。第九步给出了对一个测试样本总和各分类器的公式。因子 $\log \dfrac{1}{\beta}$ 代表某个分类器的分类精确性。测试样本 P 根据不同的假设进行分类。对每个类,$\log \dfrac{1}{\beta}$ 之和只对被分类为属于该类的假设执行。选择和值最高的类为该测试样本所属的类。

【例 8.4】 考虑图 8.2,分配所有样例的权重为 1,也就是 $\text{weight}(i) = 1, i = 1, \cdots, 10$。考虑三个假设,其中假设 1 和假设 2 是决策树桩。

假设 1

令第一个假设为如果 $x_1 \leqslant 3$,样本属于类 X,否则属于类 O。该假设错误分类样本 3,也就是
$$\varepsilon_1 = \frac{1}{10} = 0.1$$
$$\beta_1 = \frac{0.1}{0.9} = 0.111\ 1$$

$$\text{weight}(1) = 1 \times 0.111\ 1 = 0.111\ 1$$

类似地,除样本 3 之外的其他样本的权重均为 0.111 1。只有样本 3 的权重保持为 1。归一化:

$$\text{weight}(1) = \frac{0.111\ 1}{1.999\ 9} \times 10 = 0.555\ 5$$

$$\text{weight}(2) = 0.555\ 5, \quad \text{weight}(4) = 0.555\ 5, \quad \text{weight}(5) = 0.555\ 5$$

$$\text{weight}(6) = 0.555\ 5, \quad \text{weight}(7) = 0.555\ 5, \quad \text{weight}(8) = 0.555\ 5$$

$$\text{weight}(9) = 0.555\ 5, \quad \text{weight}(10) = 0.555\ 5$$

$$\text{weight}(3) = \frac{1}{1.999\ 9} \times 10 = 5.000\ 2$$

假设 2

令第二个假设为如果 $x_1 \leqslant 5$,样本属于类 X,否则属于类 O。

$$\varepsilon_2 = \frac{1}{10} \times (0.555\ 5 + 0.555\ 5 + 0.555\ 5) = 0.166\ 65$$

$$\beta_2 = \frac{0.166\ 65}{1 - 0.166\ 65} = 0.200\ 0$$

$$\text{weight}(1) = 0.555\ 5 \times 0.2 = 0.111\ 1, \quad \text{weight}(2) = 0.111\ 1$$

$$\text{weight}(3) = 5.000\ 2 \times 0.2 = 1.000\ 04, \quad \text{weight}(4) = 0.111\ 1$$

$$\text{weight}(5) = 0.111\ 1, \quad \text{weight}(6) = 0.555\ 5$$

$$\text{weight}(7) = 0.111\ 1, \quad \text{weight}(8) = 0.555\ 5$$

$$\text{weight}(9) = 0.111\ 1, \quad \text{weight}(10) = 0.555\ 5$$

归一化

$$\text{weight}(1) = \frac{0.111\ 1}{3.333\ 14} \times 10 = 0.333\ 319, \quad \text{weight}(2) = 0.333\ 319$$

$$\text{weight}(3) = \frac{1.000\ 04}{3.333\ 14} \times 10 = 3.000\ 3, \quad \text{weight}(4) = 0.333\ 319$$

$$\text{weight}(5) = 0.333\ 319, \quad \text{weight}(6) = \frac{0.555\ 5}{3.333\ 14} \times 10 = 1.666\ 6$$

$$\text{weight}(7) = 0.333\ 319, \quad \text{weight}(8) = 1.666\ 6$$

$$\text{weight}(9) = 0.333\ 319, \quad \text{weight}(10) = 1.666\ 6$$

假设 3

令第三个假设为如果 $x_1 + x_2 \leqslant 3.5$,样本属于类 X,否则属于类 O。该假设错误分类样本 3 和 5。

$$\varepsilon_3 = \frac{1}{10} \times (3.000\ 3 + 0.333\ 319) = 0.333\ 4$$

$$\beta_3 = \frac{0.333\ 4}{1 - 0.333\ 4} = 5.000\ 2$$

weight(1) = 0.333 319 × 0.500 2 = 0.166 73, weight(2) = 0.166 73

weight(3) = 3.000 3, weight(4) = 0.166 73

weight(5) = 0.333 319, weight(6) = 1.666 6 × 0.500 2 = 0.833 6

weight(7) = 0.166 73, weight(8) = 0.833 6

weight(9) = 0.166 73, weight(10) = 0.833 6

归一化

$$\text{weight}(1) = \frac{0.166\ 73}{6.668\ 069} \times 10 = 0.250\ 2, \quad \text{weight}(2) = 0.250\ 2$$

$$\text{weight}(3) = \frac{3.000\ 3}{6.668\ 069} \times 10 = 4.499\ 5, \quad \text{weight}(4) = 0.250\ 2$$

$$\text{weight}(5) = \frac{0.333\ 319}{6.668\ 069} \times 10 = 0.499\ 9,$$

$$\text{weight}(6) = \frac{0.833\ 6}{6.668\ 069} \times 10 = 1.250\ 1$$

weight(7) = 0.250 2, weight(8) = 0.250 1

weight(9) = 0.250 2, weight(10) = 0.250 1

如果取测试样本(4,2),根据第一个假设,它属于类 O。根据第二个假设,它属于类 X。根据第三个假设它属于类 O。对于类 X

$$\sum \log \frac{1}{\beta_i} = \log \frac{1}{0.2} = 0.699$$

对于类 O

$$\sum \log \frac{1}{\beta_i} = \log \frac{1}{0.111\ 1} + \log \frac{1}{0.500\ 2} = 1.255\ 1$$

P 将被归类于类 O。

8.2.2 输入特征的处理

这项技术用来处理对分类器可用的输入特征值集合,可以得到特征值的一个子集。如果所有特征值都很重要,那么这种技术不太可能好用。只有当输入特征值高度冗余并可根据某些领域的知识组合在一起时它才好用,这种组合就可以用来形成特征值子集。

【例 8.5】 在图 8.2 给出的例子中,如果测试点为(4,2),它更加靠近样点 8,因此也将属于类 O。如果只考虑第一个特征值,那么测试点将更靠近样点 3,因此也将属于类 X。如果不同类的样点相对于一个或一组特征值来说是明显分离的,那么使用这些特征值来分类是有意义的。在图 8.2 中,样点根据特征值 2 是不可分的。

8.2.3　输出目标的处理

这种技术称为"纠错输出编码"。如果有大量的类,这 C 个类被分为两个子集 A_l 和 B_l。输入数据将会重新设置标签以使所有类标签属于 A_l 的样点获得派生标签 0,类标签在 B_l 内的数据获得派生标签 1。重新设置标签的数据构造出分类器 h_l。通过每次生成不同的分区 A_l 和 B_l,可以得到 L 个分类器 $h_1, \cdots, h_L$。一个待测数据点用每个分类器进行分类。如果 $h_l(x)=0$,那么 A_l 中的每个类获得一票。如果 $h_l(x)=1$,那么 B_l 中的每个类获得一票。L 个分类器都投票之后,得票最多的那个类被选为组合预测。分类取决于分区的数量和大小。

【例8.6】　图 8.3 给出了四个类 1、2、3、4 的数据集合。将这些类分为两个子集 A 和 B,每个子集中包含两个类。表 8.1 给出了两个子集中类的各种可能、待测样点 P 的类以及给每个类的分数。如果一个类落在 P 所属的子集,则得 1 分,否则得 0 分。

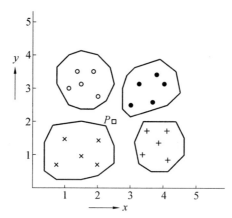

图 8.3　有四个类的训练数据集合和测试模式

表 8.1　利用纠错输出码进行分类

A	B	类	类 1	类 2	类 3	类 4
1,2	3,4	A	1	1	0	0
2,3	1,4	B	1	0	0	1
1,3	2,4	A	1	0	1	0

表 8.1 中,类 1 得到的总分为 3 分,类 2、3 和 4 均为 1 分。因此 P 分类属于类 1。

8.2.4 随机性注入

随机性注入技术通过向学习算法中引入随机性来生成不同的分类器。在决策树算法中,内部节点中选来做决策的特征值的顺序可以从最好的测试中随机选取。选取特征值顺序的变化将会产生不同的分类器。

【**例 8.7**】 考虑第 6 章的问题 1,有四枚硬币 a、b、c、d。其中三枚质量相等,剩余一枚要重一些,需要找出更重的这枚硬币。决策树在图 6.1 中给出,为了简单参考,这里图 8.4 中再次给出。

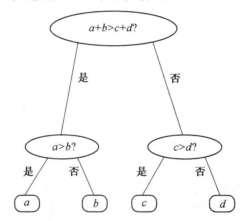

图 8.4 用 $a+b \geqslant c+d$ 来寻找假币的决策树

现在如果决策 $a \geqslant b$ 被首先采纳,那么这里看到的决策树将会变得不同,如图 8.5 所示。通过改变决策树中选择的特征值的顺序,会产生不同的分类器。

训练数据的引导抽样可以与向学习算法的输入特征值中引入噪声结合使用。一种方法是从原始训练数据中有放回地获取训练实例,来训练多个神经网络的每个成员。通过向输入特征添加高斯噪声来对每个训练实例的值产生扰动。

引入随机性的另一种方法是马尔可夫链蒙特卡罗(MCMC)方法,该方法可应用于神经网络和决策树中。马尔可夫过程是这样一个过程,一个给定的未来状态的概率,在任何时刻,只取决于它当前的状态,而与任何过去状态无关。定义在离散时间序列上的马尔可夫过程称为马尔可夫链。在 MCMC 方法中,通过建立马尔可夫过程来生成假设 h_i 的无穷序列。定

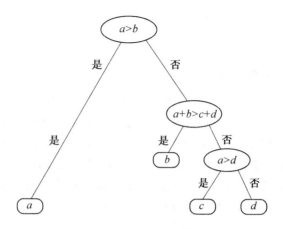

图 8.5　用 $a \geqslant b$ 寻找假币的决策树

义一些算子来将一个 h_l 转换成另一个。在一个决策树中，算子可能交换树中的父节点和子节点，或者把一个节点替换成另一个。MCMC 过程使用了这一原则。它通过维持当前的假设 h_l 来工作。在每一步中，它选择一个算子，用这个算子来获得 h_{l+1}，然后通过计算得到分类器对训练数据的似然值。然后它会决定保持 h_{l+1} 或者丢弃它重新使用 h_l。通常马尔可夫过程会运行相当长一段时间丢弃所有生成的分类器然后得到 L 个分类器的集合。这些分类器通过后验概率加权投票的方式结合在一起。

【例 8.8】　假定有一个当前假设 h_l，概率为 0.6。如果 h_l 已经用决策树生成过了，通过交换决策树中相邻的节点生成假设 h_{l+1}。使用 h_{l+1} 时，训练集合中如果有 8 个样点被正确分类，2 个被错误分类，那么可以得到似然值 0.8。如果似然值满足要求，那么就可以保留该假设；否则它就会被丢弃。

8.3　多分类器组合方法

组合分类器的最简单并且最具鲁棒性的方法是使用无加权投票。当每个分类器可以产生类概率估计而不是一个简单的分类决策时，可以对简单多数表决进行细化。对一个数据点的概率估计是指真正的类就是 c 的概率，也就是

$$\Pr(f(x) = c \mid h_l)，\quad c = 1, \cdots, C$$

可以把所有假设的类概率相结合得到组合的类概率

$$\Pr(f(x) = c) = \frac{1}{L} \sum_{l=1}^{L} \Pr(f(x) = c \mid h_l)$$

选取拥有最高类概率的那个类作为 x 的预测类。

【**例 8.9**】 考虑图 8.2 给出的数据集合。检验三个分类器。

分类器 1

这种方法找到了两个类的中心。先找到测试样点 P 与两个中心间的距离,分别为 $d(P,C_1)$ 和 $d(P,C_2)$。

P 属于类 1 的概率为

$$\Pr(P \in \text{类 } 1) = 1 - \frac{d(P,C_1)}{d(P,C_1) + d(P,C_2)}$$

类似地

$$\Pr(P \in \text{类 } 2) = 1 - \frac{d(P,C_2)}{d(P,C_1) + d(P,C_2)}$$

如果类 1 是 $X, C_1 = (1.86, 1.4)', C_2 = (5.5, 1.5)'$

$$d(P,C_1) = 2.22, \quad d(P,C_1) = 1.58$$

那么

$$\Pr(P \in \text{类 } 1) = 1 - \frac{2.22}{2.22 + 1.58} = 0.416$$

$$\Pr(P \in \text{类 } 2) = 1 - \frac{1.58}{2.22 + 1.58} = 0.584$$

分类器 2

选取 P 的三个最近邻居 ——3、6 和 8。那么

$$\Pr(P \in \text{类 } 1) = \frac{1}{3} = 0.333$$

$$\Pr(P \in \text{类 } 2) = \frac{2}{3} = 0.667$$

将这两个分类器进行组合

$$\Pr(P \in \text{类 } 1) = \frac{1}{2}(0.416 + 0.333) = 0.374\ 5$$

$$\Pr(P \in \text{类 } 2) = \frac{1}{2}(0.584 + 0.667) = 0.625\ 5$$

因此样点 P 被分类到类 2,也就是类 O 中。

加权投票的方法有很多。其中一种方法是使用最小二乘回归法来找到使分类器对训练数据有最大分类精度的权重。通常通过测量单个分类器对训练数据的精度,然后构建与精度成正比的权重。一种方法是使用似然组合,在此组合中朴素贝叶斯算法被应用于学习分类器的权重。在 8.2.1 节中提到的 ADABOOST 算法中,分类器的权重是由它的精度计算而来的,而这种精度是在用来学习分类器的加权训练分布上测量来

的。加权投票的贝叶斯方法是指计算每个分类器的后验概率。首先定义先验概率 $P(h_l)$ 和似然概率 $p(S \mid h_l)$，$P(h_l)$ 和 $p(S \mid h_l)$ 的乘积用来估计每个分类器的后验概率。似然概率 $p(S \mid h_l)$ 是通过在训练数据集合 S 上应用假设 h_l 得到的。

【例 8.10】 令 h_1 为如下假设，如果 $x_1 \leqslant 3$，样点属于类 X，否则样点属于类 O。令第二个假设为 h_2，如果 $x_1 \leqslant 5$，样点属于类 X，否则样点属于类 O。令先验概率 $P(h_1)$ 和 $P(h_2)$ 均为 0.5。对假设 1 来说，由于 9 个样点在训练数据集合中被正确分类，似然概率 $P(S \mid h_1) = 0.9$。对假设 2 来说，由于 7 个样点在训练数据集合中被正确分类，似然概率 $P(S \mid h_2) = 0.7$

假设 1 的后验概率为 $\dfrac{0.5 \times 0.9}{0.45 + 0.35} = 0.562\ 5$

假设 2 的后验概率为 $\dfrac{0.5 \times 0.7}{0.45 + 0.35} = 0.437\ 5$

组合分类器的另一种方式为学习门网络或门函数，它们将 x 作为输入，将用来计算分类器加权投票的权重 ω_l 作为输出。一个这样的门网络形式如下：

$$z_l = v_l^{\mathrm{T}} x$$

$$\omega_l = \frac{\mathrm{e}^{z_l}}{\sum_u \mathrm{e}^{z_u}}$$

这里 z_l 是参数向量 v_l 和输入特征向量 x 的点积。输出权重 ω_l 是单个 z_l 的 soft $-$ max。

组合分类器的另一种方式称为叠加。假设有 L 个不同的学习算法 $A_1, \cdots, A_L$，一个集合 S 包含训练样例 $(x_1, \theta_1), \cdots, (x_N, \theta_N)$。将每个算法都应用在训练样例上，会得到假设 $h_1, \cdots, h_L$。叠加的目标是得到一个好的分类器 h^*，并通过 $h^*(h_1(x), \cdots, h_L(x))$ 计算最终的分类结果。h^* 可以由下面的方案得到。

令 $h_l^{(-i)}$ 表示将算法 A_l 应用到集合 S 中除 i 之外的所有训练样例所构建的分类器。这意味着每个算法应用到训练数据 m 次，每次省略一个训练样例。然后每个分类器 $h_l^{(-i)}$ 应用到样例 x_i 来获得预测类 θ_i^l。这给出了一个新的包含 "2 级" 样例的数据集，这些样例是这 L 个分类器预测出来的类。每个样例有如下形式

$$\langle (\theta_i^1, \theta_i^2, \cdots, \theta_i^L), \theta_i \rangle$$

现在一些其他学习算法可以应用到这个 2 级数据集来获得 h^*。

【**例 8.11**】 考虑图 8.2,使用这些数据,考虑不同的分类假设。令 h_1 依据最近邻居,h_2 依据最近三个邻居的多数投票。令 h_3 为依据 f_1 方向最近邻居的分类。令 h_4 为依据最近中心的分类。表 8.2 给出了每个样本在忽略时的分类以及给样本分类的不同假设。

如果取点 P 作为测试样点,它的 2 级样点将会是$(O \quad O \quad X \quad O)$。如果想用最近邻法则来对训练集合的 2 级样点进行分类,它将会被分类到类 O。

表 8.2   2 级模式

假设	h_1	h_2	h_3	h_4	标签
模式 1	X	X	X	X	X
模式 2	X	X	X	X	X
模式 3	X	X	X	X	X
模式 4	X	X	X	X	X
模式 5	X	X	X	X	X
模式 6	O	O	O	O	O
模式 7	O	O	O	O	O
模式 8	O	O	O	O	O
模式 9	O	O	O	O	O
模式 10	O	O	O	O	O

问 题 讨 论

本章讨论了如何将很多分类器做出的决策组合起来。每个分类器是用数据的不同子集设计的。对一个分类器来说有很多选择数据集的方法。一旦不同的分类器对一个新样点做了分类,就必须组合这些分类器以给出最终的分类结果。有很多方法可以实现这一目标,本章已经给了详细描述。

延伸阅读材料

Dietterich(1997)、Chen 和 Karnel(2009)以及 Ho 等(1994)讨论了组合分类器。Drucker 等(1994)阐述了引导技术。Freund 和 Schapire(1997;1999)阐述了 ADABOOST 算法。其他组合分类器的方法 Santos 等(2008)、Huang 和 Suen(1995)、Chin 和 Kamel(2009)、Saranli 和 Demirekler(2001)、Wang 和 Wang(2006)、Windeatt(2003)、Xu 等(1992)以及 Zouari 等(2005)进行了综述。

习　　题

1. 考虑二维样点集合

$X_1 = (1,1,1)$，$X_2 = (1,2,1)$，$X_3 = (2,1,1)$，$X_4 = (2,1.5,1)$，
$X_5 = (3,2,1)$，$X_6 = (4,1.5,2)$，$X_7 = (4,2,2)$，$X_8 = (5,1.5,2)$，
$X_9 = (4.5,2,2)$，$X_{10} = (4,4,3)$，$X_{11} = (4.5,4,3)$，$X_{12} = (4.5,5,3)$，
$X_{13} = (4,5,3)$，$X_{14} = (5,5,3)$

其中每个样点由特征值 1、2 和类标签表示。考虑待测样点$(3.5,2.8)$。在数据集合上实现套袋算法并给待测样点分类。考虑随机从每个类中抽取两个样本，应用最近邻法则给待测样点分类。重复这个过程 5 次并应用多数投票法给待测样点分类。

2. 考虑练习 1 中的数据集合。以下子集是从该数据集中获得的：

$$S_1 = \{1,3\}，S_2 = \{2,4,5\}，S_3 = \{6,7\}$$
$$S_4 = \{8,9\}，S_5 = \{10,11\}，S_6 = \{12,13,14\}$$

考虑待测样点$(3.5,2.8)$。从每个类中丢弃一个子集并给测试样点分类。考虑通过从每个类中丢弃一个子集得到所有可能的数据集合并根据多数投票法给待测样点分类。

3. 考虑练习 1 中的数据集合。省略特征值 1 并给待测样点分类。类似地，省略特征值 2 并给待测样点分类。

4. 考虑练习 1 中的数据集合。使用以下假设并通过叠加的方法给待测样点$(3.5,3)$分类

(a) 根据最近邻法则分类。

(b) 根据三个邻居的多数类进行分类。

(c) 取类中心之间的距离并根据最近中心类进行分类。

5.考虑二维样点的集合

$X_1 = (1,1,1)$，$X_2 = (1,2,1)$，$X_3 = (2,1,1)$，$X_4 = (2,1.5,1)$，

$X_5 = (3,2,1)$，$X_6 = (3.5,2,2)$，$X_7 = (4,1.5,2)$，$X_8 = (4,2,2)$，

$X_9 = (5,1.5,2)$，$X_{10} = (4.5,2,2)$

其中每个样点由特征值 1、2 和类标签表示。 使用下列弱分类器用 ADABOOST 算法给样点(3.5,1)分类。

(a) 如果 $f_1 < 3$，那么样点属于类 1，否则属于类 2。

(b) 如果 $f_1 \leqslant 3.5$，那么样点属于类 1，否则属于类 2。

(c) 如果 $4f_1 + 5f_2 \leqslant 20$，那么样点属于类 1，否则属于类 2。

上 机 练 习

1.写一个程序在一个数据集合上实现套袋算法。用这个程序为图8.3 的数据集合里每个类选两个样点。重复这个过程数次并在数据集合上运行最近邻法则分类程序，写一个组合分类器的程序，用这个程序确定待测样点的最终分类。

2.实现 ADABOOST 程序，并用在图 8.3 给出的数据集合上。使用决策树桩或弱分类器。用四种不同的分类器给一些待测样点分类。

3.实现纠错输出编码。使用图 8.3 给出的数据集合。多次随机将数据集合分成两个子集，使用组合分类器给待测样点分类。

4.使用图 8.3 给出的数据集合。获取数据集合的决策树。使用马尔可夫链蒙特卡罗方法，通过改变决策树获得不同的假设。为这些假设运行程序获得三个分类器的集合。在数据集合上使用这些分类器并用多数表决法给待测样点分类。

5.取一个大的数据集合，训练数据有多余 5 000 个样点。使用不同的分类方法。对每个分类器，注意所有的性能测试。比较不同的分类器，选出对你所用的数据集合的最佳分类器。

本章参考文献

[1] Bryll, Robert, Ricardo Gutierrez—Osuna, Francis Quek. Attribute bagging：Improving accuracy of classifier ensembles by using random feature subsets. *Pattern Recognition* 36(6)：1291-1302. 2003.

[2] Chen Lei, Mohamed S. Karnel. A generalized adaptive ensemble

generation and aggregation approach for multiple classifier systems. *Pattern Recognition* 42(5): 629-644. 2009.

[3] T. G. Dietterich. Machine learning research: Four current directions. *AI Magazine* 18(4): 97-136. 1997.

[4] H. Drucker, C. Cortes, L. D. Jackel, Y. Lecun, V. Vapnik. Boosting and other ensemble methods. *Neural Computation* 6(6): 1289-1301. 1994.

[5] Freund, Yoav, Robert E. Schapire. A decision-theoretic generalization of on-line learning and an application to boosting. *Journal of Computer and System Sciences* 55(1): 119-139. 1997.

[6] Freund, Yoav, Robert E. Schapire. A short introduction to boosting. *Journal of Japanese Society for Artificial Intelligence* 14(5): 771-780. 1999.

[7] Ho, Tin Kam, Jonathan J. Hull, Sargur N. Srihari. Decision combination in multiple classifier systems. *IEEE Trans on PAMI* 16 (1). 1994.

[8] Hothorn, Torsten, Berthold Lausen. Double-bagging: Combining classifiers by bootstrap aggregation. *Pattern Recognition* 36 (6): 1303-1309. 2003.

[9] Y. S. Huang, C. Y. Suen. A method of combining multiple experts for the recognition of unconstrained handwritten numerals. *IEEE Trans. on Pattern Analysis and Machine Intelligence* 17: 90-94. 1995.

[10] Santos, Eulanda M. Dos, Robert Sabourin, Patrick Maupin. A dynamic overproduce-and-choose strategy for the selection of classifier ensembles. *Pattern Recognition* 41(10): 2993-3009. 2008.

[11] Saranli, Afsar, Mbeccel Demirekler. A statistical unified framework for rank-based multiple classifier decision combination. *Pattern Recognition* 34(4): 865-884. 2001.

[12] Wang Xiao, Han Wang. Classification by evolutionary ensembles. *Pattern Recognition* 39(4): 595-607. 2006.

[13] Windeatt, Terry. Vote counting measures for ensemble classifiers. *Pattern Recognition* 36(12): 2743-2756. 2003.

[14] Xu Lei, Adam Krzyzak, Ching Y. Suen. Methods of combining

multiple classifiers and their application to handwriting recognition. *IEEE Trans on SMC* 22(3). 1992.

[15] Zouari, Hla, Laurent Heutte, Yves Lecourtier. Controlling the diversity in classifier ensembles through a measure of agreement. *Pattern Recognition* 38(11): 2195-2199. 2005.

第9章 聚类方法

学习目标：

本章的目的是介绍各种聚类范式和相关算法。读完本章后，你会了解以下知识：

① 何为聚类？

② 为何聚类是必要的？

③ 聚类的阶段。

④ 分层聚类——生成的分区层次，包括：

　　——分裂聚类。

　　——凝聚聚类。

⑤ 划分聚类——得到数据集合的一个单一分区：

　　——k-均值算法。

⑥ 软化分——一个样点可以是多个簇的成员。

⑦ 聚类的随机搜索技术。

⑧ 聚类大数据集。

　　——增量聚类。

　　——中间抽象的使用。

　　——分治算法。

9.1　简　　介

在本章中将处理聚类过程，并特别强调经常使用的聚类算法。聚类是将一组模式分组的过程。如图 9.1 所示，聚类会生成一个分区，这个分区包括来自一个给定的模式集合中的紧密结合的组或者簇。所形成的簇的表示或描述用于生成决策——分类是常用的生成决策的范例之一。

待聚类的模式可以是标记的或者未标记的。基于此，有：

① 通常对未标记的模式集合进行分组的聚类算法。这种类型的范例很常见以至于聚类被看作是未标记模式的无监督分类。

图 9.1　聚类算法的输入输出行为

②聚类标记模式的算法。这种类型的范例非常重要,被称作监督聚类或者标记聚类。监督聚类对在标记模式集合中识别簇非常有帮助。可以对簇表示或描述的形式进行抽象,这对高效分类非常有用。

实行聚类的过程是为了使相同簇内的模式在一定意义上是相似的,不同簇内的模式在相应意义上是不相似的,如图 9.2 中给出的二维数据集所示。

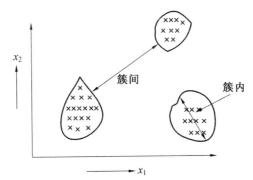

图 9.2　聚类的输入输出行为

这里每个模式表示为二维空间中的一个点。可以看出图中有三个簇,相同簇内的任意两个点的欧氏距离小于不同簇内任意两个点之间的欧氏距离。这个概念以相似性为特征——簇内距离(相似性)很小(高),簇间距离(相似性)很大(低)。用下面的例子描述这一点。

【例 9.1】　考虑一个二维的数据集合,其中有 10 个向量,给出如下:

$$X_1 = (1,1)\,,\ X_2 = (2,1)\,,\ X_3 = (1,2)\,,\ X_4 = (2,2)$$
$$X_5 = (6,1)\,,\ X_6 = (7,1)\,,\ X_7 = (6,2)\,,\ X_8 = (6,7)$$
$$X_9 = (7,7)\,,\ X_{10} = (7,6)$$

如图 9.3 所示。

可以说如果任何两个点之间的距离小于一个门限值,那么它们就属于同一个簇。特别地,在本例中,使用欧氏距离的平方来描述两点间的距离,并使用五个单位的阈值对它们进行聚类。两个点 x_i 和 x_j 之间欧氏距离的平方定义如下:

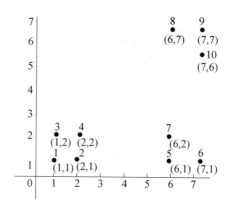

图 9.3　有 10 个向量的二维数据集

$$d(x_i, x_j) = \sum_{l=1}^{d} (x_{il} - x_{jl})^2$$

其中 d 为点的维度。

可以用表 9.1 所示的矩阵来表示两个点之间欧氏距离的平方,称为距离矩阵。注意到因为考虑的是二维模式,d 的值在这里是 2。

表 9.1　矩阵中的第 ij 项为 X_i 和 X_j 之间的距离

	X_1	X_2	X_3	X_4	X_5	X_6	X_7	X_8	X_9	X_{10}
X_1	0	1	1	2	25	36	26	61	72	61
X_2	1	0	2	1	16	25	17	52	61	50
X_3	1	2	0	1	26	37	25	50	61	52
X_4	2	1	1	0	17	26	16	41	50	41
X_5	25	16	26	17	0	1	1	36	37	26
X_6	36	25	37	26	1	0	2	37	36	25
X_7	26	17	25	16	1	2	0	25	26	17
X_8	61	52	50	41	36	37	25	0	1	2
X_9	72	61	61	50	37	36	36	1	0	1
X_{10}	61	50	52	41	26	25	17	2	1	0

注意到,在这个例子中,簇在矩阵本身中清晰地反映了出来。正如在表格中看到的,有三个子矩阵,大小分别是 4×4、3×3 和 3×3。这三个子矩阵都满足矩阵中任何记录的值都小于 5 个单位的条件。例如,对应于前四个模式的大小为 4×4 的子矩阵,所有记录的范围为 $0 \sim 2$,前四行的

任何其他记录都比 5 大。类似地,可以推出模式 X_5、X_6 和 X_7 可以被分组到同一个簇内,剩下的三个模式 X_8、X_9 和 X_{10} 均在第三个簇内。因此这三个簇为:

簇 1:$\{X_1,X_2,X_3,X_4\}$

簇 2:$\{X_5,X_6,X_7\}$

簇 3:$\{X_8,X_9,X_{10}\}$

注意以下几点:

(1)通常,聚类的结构可能不容易从距离矩阵中看出来。例如,通过考虑模式顺序为 X_1、X_5、X_2、X_8、X_3、X_6、X_9、X_4、X_7、X_{10}(参考练习 1),对应于三个簇的子矩阵就没那么容易看出来。

(2)在这个例子中,用欧氏距离的平方来表示两点间的距离。当然也可能使用其他距离函数。

(3)这里,定义每个簇使得在一个簇内任意两个模式间的距离(簇内距离)少于 5 个单位并且两个不同簇内两点间的距离(簇间距离)大于 5 个单位。这种描述簇的方式很简单;通常一个簇有不同的概念。通过聚类算法来实例化。

聚类是一个主观活动。很可能不同用户需要相同数据集合的不同分组。例如,向图 9.2 中给出的数据中添加一些点,很可能就改变某一个簇的簇内距离,如图 9.4 所示。此时图 9.2 描述的相似性的概念相对于图 9.4 给出的簇不再适用。

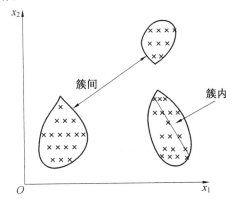

图 9.4　相似性的不同概念

这里也有三个簇;然而,每个簇内的点满足以下特性,相同簇内的点作为自己的最近邻居。聚类分区可以是硬分区也可以是软分区。**硬聚类算法生成的簇是非重叠的。**例如,在图 9.2 和图 9.4 给出的簇形成了一个非重叠分区或者硬分区。也有可能生成软分区,此时是一个模式,可以属于多个簇。在这种情况下,簇间存在重叠。

考虑一个模式集合 $\chi = \{x_1, x_2, \cdots, x_n\}$,其中第 i 个簇 $X_i \subset \chi$,$i = 1$,$2, \cdots, C$,也就是 $\bigcup_{i=1}^{C} X_i = \chi$,且没有 $X_i = \varnothing$。另外如果对所有的 i 和 j,$i \neq j$ 都有 $X_i \bigcap X_j = \varnothing$,那么便得到了一个硬分区。硬分区本身的数量可以非常大。例如,对一个有 A、B、C 三个模式的集合来说,会有以下二元分区:$\{\{A\}, \{B, C\}\}$;$\{\{B\}, \{A, C\}\}$;$\{\{C\}, \{A, B\}\}$,注意到这里 $n = 3$,因此有三个二元分区。分区可以通过如下方式进行:考虑集合 $\{A, B, C\}$ 的所有子集,一共有 8 个。

$\varnothing$:空集;

$\{A\}$,$\{B\}$,$\{C\}$:只有一个元素的子集;

$\{A, B\}$ $\{B, C\}$ $\{A, C\}$:有两个元素的子集;

$\{A, B, C\}$:不当子集。

每个二元分区有两个簇;进一步说,簇是一个非空且为模式集合的适当子集。注意到有 6(即 $2^3 - 2$)个非空适当子集;因为 8 个子集当中一个是空集($\varnothing$),另一个 $\{A, B, C\}$ 不是一个适当子集。所以这 6 个子集中的任何一个可以是一个簇,二元分区中的另一个簇是它的补集。可能的二元分区的列表在表 9.2 中给出。

表 9.2　对集合 $\{A, B, C\}$ 二元划分列表

序号	非空子集	补集	对应的二元分区
1	$\{A\}$	$\{B, C\}$	$\{\{A\}, \{B, C\}\}$
2	$\{B\}$	$\{A, C\}$	$\{\{B\}, \{A, C\}\}$
3	$\{C\}$	$\{A, B\}$	$\{\{C\}, \{A, B\}\}$
4	$\{A, B\}$	$\{C\}$	$\{\{A, B\}, \{C\}\}$
5	$\{B, C\}$	$\{A\}$	$\{\{B, C\}, \{A\}\}$
6	$\{A, C\}$	$\{B\}$	$\{\{A, C\}, \{B\}\}$

注意到二元分区是重复的。例如,对应于第一行的两个簇($\{A\}$,$\{B, C\}$)在第 5 行又出现了一次。类似地,观察到第 2 行和第 6 行的($\{B\}$,$\{A, C\}$)也是重复二元分区,还有 3、4 行的($\{C\}$,$\{A, B\}$)。重复的二元分区只考虑一次,只有三个(6 个分区的一半;$\dfrac{2^3 - 2}{2} = 2^2 - 1$)不同的二元分区。通常对一个有 n 个模式的集合,二元分区的数目为 $2^{n-1} - 1$(参

考例 9.2)。

考虑多于 2 个簇的分区的情况。n 个模式的分区数目分为 m 个块（簇），可以通过下式给出

$$\frac{1}{m!} \sum_{i=1}^{m} (-1)^{m-i} \binom{m}{i} (i)^n$$

考虑一个非常小的问题，把 15 个模式分为 3 个簇。分区数量可能是 2、375、101。所以详尽地列举所有可能的分区来确定最好的分区，在某种意义上，特别是处理大型模式集合时是不实用的。

聚类之中知识是不明显的。因此，分区是基于领域知识或者用户以不同形式提供的信息；这可以包括相似性测量、簇的数目以及门限值等的选择。另外由于著名的丑小鸭定理，不使用外部逻辑信息是不可能完成聚类的。

丑小鸭定理指的是，当所有可能的谓词都被用来表示模式时，任何两个模式所共享的谓词的数目是恒定的。因此，如果基于共享的谓词的数量来判断相似性，那么任何两个模式是同样相似的。这可以用表 9.3 给出的数据来描述。

表 9.3　数据集合的例子

模式 / 特征值	f_1	f_2
P_1	0	0
P_2	0	1
P_3	1	0
P_4	1	1

有四个对象类型 P_1、P_2、P_3、P_4 基于两个特征值 f_1 和 f_2。如果只考虑前三个，也就是 P_1、P_2 和 P_3，那么最多有 8 个谓词。这可以由表 9.4 来描述。通过考虑所有这四个对象类型，最多有 16 个谓词（参考例 9.3）。

表 9.4　8 个特征谓词的数据集合

模式 / 特征值	f_1	f_2	$f_1 \wedge \neg f_2$	$\neg f_2$	$\neg f_1 \wedge f_2$ (g_2)	$\neg f_1$ (g_1)	$f_1 \vee \neg f_2$	$\neg f_1 \wedge f_2$
P_1	0	0	0	1	0	1	1	1
P_2	0	1	0	0	1	1	0	1
P_3	1	1	0	0	0	0	1	1

使用的逻辑连接词在表 9.5 中给出。注意到对每一个对象类型,最多有两个谓词: f_1 和 $\neg f_1$;对于两个对象类型,最多有四个谓词: f_1、f_2、$\neg f_1$ 和 $\neg f_2$。

表 9.5　逻辑连接

符号	逻辑连接
∧	逻辑与
∨	逻辑或
¬	非
⊕	异或

注意到任意一对对象类型匹配八个谓词中的四个(提取特征值)。有人可能争辩说, f_1 和 f_2 是原始或初始特征值,因此更应该强调它们。但是在缺乏任何额外信息情况下,很难选择可能的特征值的子集。例如,如果把 $g_1 = (\neg f_1)$ 和 $g_2 = \oplus (f_1, f_2)$ 作为初始特征值,那么 $f_1 = \neg g_1$、$f_2 = \oplus (\neg g_1, g_2)$。因此对于计算机来说, g_1 和 g_2 同 f_1 和 f_2 一样原始。因此需要额外的逻辑证据来让一些特征值比其他的更为重要。这意味着,非监督分类在严格意义上是不可能的。因此不同的聚类算法要用不同形式的知识来生成数据的预期分区(基于用户的喜好分区)。

聚类对于生成数据抽象很有帮助。数据抽象的过程可以用图 9.5 来解释。如同第 2 章中解释的,一簇点可以由它的质心或中心来表示。质心代表簇 C 中点的样本平均,通过 $\frac{1}{N_c} \sum X_i \in C$ 给出,其中 N_c 表示簇 C 中模式的数量。质心不需要与图中所示的任何一个点一致。中心是位于簇中最中心位置的点。更正式一点,中心是簇中其他点与此点的距离之和最小的点。图中还有另一个点远离簇中的任何点。这是一个离群点。基于离群点的位置,数据的质心可以没有任何约束地转移;然而,无论离群点的位置如何,中心不会转移出原始簇的边界。因此,使用中心的聚类算法在存在噪声模式或离群点时更具鲁棒性。下面的例子可以帮助说明这一问题。

【例 9.2】　考虑下面给出的五个模式组成的簇。
$$X_1 = (1,1), \quad X_2 = (1,2), \quad X_3 = (2,1)$$
$$X_4 = (1.6, 1.4), \quad X_5 = (2,2)$$
簇的质心是样本平均

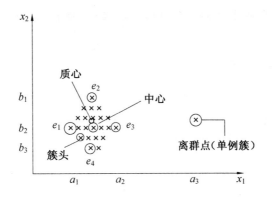

图 9.5　使用中心和质心代表簇

$$\mu = \frac{1}{5}\big[(1,1)+(1,2)+(2,1)+(1.6,1.4)+(2,2)\big]$$

因此 $\mu=(1.52,1.48)$；注意到 μ 不是 $X_i(i=1,\cdots,5)$ 中的一个。

　　然而簇的中心是 $m=(1.6,1.4)$；注意，通过定义，簇的中心是簇中心位置的模式，使得簇中其他点距该点的距离之和最小。在本例子中，五个点与 m 的距离用欧氏距离的平方来计算，为

$$d(X_1,m)=0.52$$
$$d(X_2,m)=0.72$$
$$d(X_3,m)=0.32$$
$$d(X_4,m)=0.0$$
$$d(X_5,m)=0.52$$

距离之和为 2.08。

　　考虑其他任意模式作为中心的可能。例如，考虑 X_1 作为中心。簇中对应的各点到 X_1 的距离为

$$d(X_1,X_1)=0.0$$
$$d(X_2,X_1)=1.0$$
$$d(X_3,X_1)=1.0$$
$$d(X_4,X_1)=0.52$$
$$d(X_5,X_1)=2.0$$

距离之和为 4.52。

　　因此，考虑 X_1 作为中心，得到它到簇中各点的距离之和为 4.52。这比 X_4 作为中心得到的距离 2.08 要大。类似地，可以表明簇中各点到 X_2、X_3 或 X_5 的距离之和都比 2.08 大（参考例 9.4），这便排除了 X_4 之外的点作为中心的可能。

现在考虑在簇中增加一个点 $(1.6, 7.4)$。更新后簇(有六个点)的质心是

$$\mu^1 = \frac{1}{6}\left[(1,1)+(1,2)+(2,1)+(1.6,1.4)+(2,2)+(1.6,7.4)\right]$$

因此 $\mu^1 = (1.53, 2.47)$;质心从 μ 转移到了 μ^1。可以证明中心从 $m = (1.6, 1.4)$ 转移到 $m^1 = (2,2)$(参考例 9.5)。

现在考虑在原始簇中增加一个点 $(1.6, 17.4)$ 而不是 $(1.6, 7.4)$。这样六个点的簇质心为

$$\mu^2 = \frac{1}{6}\left[(1,1)+(1,2)+(2,1)+(1.6,1.4)+(2,2)+(1.6,17.4)\right]$$

因此 $\mu^2 = (1.53, 4.13)$。质心根据加入簇中的离群点的位置而保持转移。注意到 μ、μ^1、μ^2 根据簇中离群模式的位置而变动。然而簇中加入点 $(1.6, 17.4)$ 后的中心 m^2 仍是 $(2,2)$。因此,簇的中心更具鲁棒性,因为加入一个离群点后 m^2 与 m^1 为同一点。

簇可能不止有一个代表点;例如,如图 9.5 所示,标记有 e_1、e_2、e_3 和 e_4 的四个极限点可以代表簇。也有可能使用逻辑描述来描述一个簇。例如,使用析取式的交集,得到簇的如下描述:

$$(x = a_1, \cdots, a_2) \wedge (y = b_1, \cdots, b_3)$$

9.2 聚类方法的重要性

簇和它们所生成的描述在许多做决策的情况下是很重要的,如分类、预测等情况。获得的簇代表的数量要比输入模式的数量少,因此存在数据压缩。这点可以用下面的例子进行说明。

【例 9.3】 考虑如下给出的有 16 个标记模式的二维数据集合。令这两个类标记为"X"和"O"。

X:$(1,1)$ $(1,2)$ $(2,1)$ $(2,2)$ $(1,5)$ $(1,6)$ $(2,5)$ $(2,6)$
O:$(6,1)$ $(6,2)$ $(7,1)$ $(7,2)$ $(6,6)$ $(6,7)$ $(7,6)$ $(7,7)$

令 $(2,3)$ 为需要被分类的待测样点,且在以上 16 个标记模式上使用 NN 算法。注意到 $(2,2)$ 是 $(2,3)$ 的最近邻居,它们之间欧氏距离的平方仅为一个单位。这可以通过计算 16 个距离值来获得 —— 计算待测模式 $(2,3)$ 分别与这 16 个标记模式之间欧氏距离的平方。因此 $(2,3)$ 被分配到类 X,因为它的最近邻居 $(2,2)$ 属于类 X。

然而,通过使用合适的聚类算法对这 16 个模式聚类并用它的质心来

表示此簇,可以缩减待计算的距离值的数量,从标记模式的数目缩减为簇代表的数量。这可由下面的内容来说明。

使用与例9.1中相同的标准对16个模式进行分簇,也就是相同簇中任何两个模式之间欧氏距离的平方在5个单位的阈值之内。这产生了4个簇:每个类中产生了两个簇。对应于类 X 的两个簇是:

$$C_1 = \{(1,1),(1,2),(2,1),(2,2)\} \text{ 和}$$
$$C_2 = \{(1,5),(1,6),(2,5),(2,6)\}$$

类似,对应于类 O 的两个簇是:

$$C_3 = \{(6,1),(6,2),(7,1),(7,2)\} \text{ 和}$$
$$C_4 = \{(6,6),(6,7),(7,6),(7,7)\}$$

用它们的质心表示每一个类;质心如下给出,对应于类 X 的两个簇的质心为

$$C_1 \text{ 的质心} = (1.5,1.5)$$
$$C_2 \text{ 的质心} = (1.5,5.5)$$

对应于类 O 的两个簇的质心为

$$C_3 \text{ 的质心} = (6.5,1.5)$$
$$C_4 \text{ 的质心} = (6.5,6.5)$$

因此,如果使用4个簇的质心代替这16个标记模式作为标记数据,那么在要分析的数据中有一个因子为4的数据缩减。缩减后的标记数据为

$$X:(1.5,1.5) \quad (1.5,5.5)$$
$$O:(6.5,1.5) \quad (6.5,6.5)$$

用这个数据,(2,3)的最近邻居是类 X 中的(1.5,1.5);因此测试模式被分类为 X,只用了4个距离计算即测试模式与4个质心之间的距离。同样,注意到为了计算与测试模式的距离,只需存储4个簇的质心。因此在时间和空间方面都有压缩。可以观察到在本例中时间和空间都有75%的压缩:只需计算4个距离而不是16个,只需存储4个质心而不是16个模式。

有人可能争辩说,聚类标记数据和计算质心也会花费时间和空间。然而,聚类可以事先完成,只要获得了标记数据。进一步说就是,聚类的过程和簇质心的计算只进行一次。一旦有了代表并给定了待分类的测试模式,就可以使用簇代表作为标记数据来显著缩减所需的时间和空间。这样一个基于聚类的分类方案在数据挖掘中的大规模模式分类问题上非常有用。

聚类也可以用在特征值集合上以实现降维,这对于在减少计算资源的

要求下提高分类精确性是很有帮助的。这种策略在使用 NN 算法的分类中用处也很大。聚类与给未标记模式分组相关联。然而,有许多应用表明它在标记模式分组中也有意义。例如,用来高效寻找最近邻居的分支定界算法(第 3 章中给了描述)就运用了聚类。

【例 9.4】 考虑标记为"0"和"3"的两个类。其中一些样例如图 9.6 所示。有两个"3"和三个"0"。如果用聚类算法在给定的五个模式中生成四个簇,可能会选每个"0"对应一个簇,另一个簇对应于"3"。如果感兴趣的是让每个类有同等的代表,那么让每个类的模式单独生成两个簇就显得很有意义;在这种情况下,就有两个"0"簇和两个"3"簇。

数字 3   数字 0

图 9.6   标记聚类

聚类标记模式在原型选择中很有用。可以对分别属于每个类的模式进行分组,所生成的簇的代表就可以形成类的原型。通过使用这些原型代替原始数据来分类,可以降低计算需求。

聚类的一个很重要的应用是在数据重新组织方面。

【例 9.5】 数据重新组织可以由表 9.6 中所示的二进制模式矩阵来说明。输入数据集包含四个二进制模式。模式标记由 1 到 4,特征值为 f_1 到 f_4。通过使用行作为标准来聚类模式,可以得到表 9.7 所示的数据集,其中相似的模式放在一起。

表 9.6   输入数据

模式	f_1	f_2	f_3	f_4
1	1	0	0	1
2	0	1	1	0
3	0	1	1	0
4	1	0	0	1

表 9.7　行聚类数据

模式	f_1	f_2	f_3	f_4
1	1	0	0	1
4	1	0	0	1
2	0	1	1	0
3	0	1	1	0

现在通过使用列来给表 9.7 中的数据进行聚类,并把相似的列放在一起,得到了表 9.8 所示的数据集。注意到这张表明确地反映了数据中的结构。包含模式 1 和 4 的簇可以用交集 $f_1 \wedge f_4$ 来描述。类似地,包含模式 2 和 3 的第二个簇可以用 $f_2 \wedge f_3$ 来描述。

表 9.8　基于行和列的聚类

模式	f_1	f_4	f_2	f_3
1	1	1	0	0
4	1	1	0	0
2	0	0	1	1
3	0	0	1	1

聚类的另一个重要应用是离群点识别方面。例如,通过聚类图 9.5 所示的数据,离群点将会作为单点簇的一个元素出现。用任何一个常用的聚类算法都会发现这一点。这形成了各种应用的基础,比如数据库记录的自动审核和入侵检测。同样也有可能使用聚类来猜测模式矩阵中丢失的值。

例如,假设第 i 个模式的第 j 个特征的值丢失。仍然可以在除第 j 个之外的特征值基础上对模式聚类。基于这个分组,会发现第 i 个模式所属的簇。然后丢失的值就可以基于属于这个簇的所有其他模式的第 j 个特征值来估算。

聚类中遇到的很大的困难之一就是簇的趋势的问题,其中检查输入数据来判断在进行实际聚类之前先进行簇分析是否更有优势。不包含簇的数据不应该由聚类算法处理。然而,即使没有"簇"时有些分区还是有用的。例如,快速排序算法在每次进行数据集合分区时使用分治策略来降低计算复杂度;即使被排序的数据是均匀分布时,它也能表现出一个良好的平均性能。因此在像数据挖掘这样的应用(它们的主要目标之一就是识别有助于建立高效索引机制的分区)中,即使在数据中"簇"并不明显时,聚类也扮演着很重要的角色。这是因为聚类在一个缩减的计算成本下仍然可以促进决策制定。

聚类分析在众多领域都有应用。这些领域包括生物识别、文献分析和识别、信息检索、生物信息学、遥感数据分析、生物医学数据分析、目标识别和数据挖掘。一些大数据集合聚类的方法将会在最后一节讨论。

如图9.7所示,聚类过程的重要步骤是:

① 模式表示。

② 定义一个合适的相似或相异函数。

③ 选择一个聚类算法,用它生成簇的分区或描述。

④ 使用这些抽象做决策。

图 9.7　聚类中的阶段

前两个模块已经在第2章中进行了讨论。本章的剩余部分将介绍几种聚类算法,强调它们处理大量数据的能力。聚类算法有很多,如图9.8中的层次结构所示。

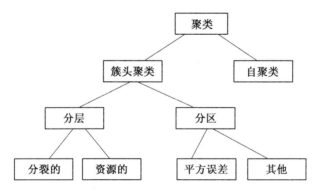

图 9.8　聚类方法的分类

在顶层,根据分区之间是否重叠,可以区分硬聚类和软聚类。硬聚类算法或者是分层次的,生成嵌套的分区序列;或者是分区的,生成给定数据集的分区。软聚类算法基于模糊集、粗糙集、人工神经网络(ANN)或进化算法,特别是遗传算法(GA)。

9.3 分级聚类方法

分层算法产生一个嵌套的数据分区序列。序列可由一个常见的树形结构系统树图来描述。算法或者是分裂的,或者是凝聚的。前者由一个拥有全部模式的单一集群开始;在每一个连续的步骤中,簇被分割开来。这个过程一直持续到一个模式只存在一个簇中或者单一簇集合为止。

分裂算法使用自顶向下策略来生成数据的分区。而凝聚算法使用自底向上的策略。当输入数据集大小为 n 时,算法以 n 个单例簇开始,其中每个输入模式在一个不同的簇之中。在连续的层次中,将最为相似的一堆簇合并以减少一个单位的分区数量。凝聚算法的一个重要特性是一旦同一层中两个模式在同一个簇中,那么在随后的层次中它们也将保持在同一个簇中。类似地,在分裂算法中,同一层的两个模式一旦处于不同的簇中,那么在随后的层次之中它们还保持在不同的簇中。

9.3.1 分裂式分级聚类算法

分裂算法或者是多型的,即分裂基于多个特征;或者是单一的,每次只考虑一个特征。一个多型聚类包括找出所有可能的二元分区并找出最好的分区。这里,两个簇的样本方差的最小和分区被选作为最好的分区。从划分的结果中,选取样本方差最大的簇并分裂为最优二元分区。反复这一过程,直到得到单独的一个簇。

样本方差和按如下方式计算。如果样本被分为两部分,其中一个簇包含 m 个样本 $X_1, \cdots, X_m$,另一个簇包含 n 个样本 $Y_1, \cdots, Y_n$。各自的质心分别为 C_1 和 C_2,那么样本方差和为

$$\sum_i (X_i - C_1)^2 + \sum_j (Y_j - C_2)^2$$

【例 9.6】 图 9.9 给出了 8 个二维样本。样本如下:

$A = (0.5, 0.5)$; $\quad B = (2, 1.5)$; $\quad C = (2, 0.5)$; $\quad D = (5, 1)$;

$E = (5.75, 1)$; $\quad F = (5, 3)$; $\quad G = (5.5, 3)$; $\quad H = (2, 3)$

利用分裂聚类得到的相应的树状图如图 9.10 所示。

注意到顶端是包含所有 8 个样本的一个簇。通过考虑所有可能的二元划分,最佳二元划分为 $\{\{A, B, C, H\}, \{D, E, F, G\}\}$,如树状图所示。在下一层,簇 $\{D, E, F, G\}$ 被选作划分为两簇,$\{D, E\}$ 和 $\{F, G\}$。注意到,簇

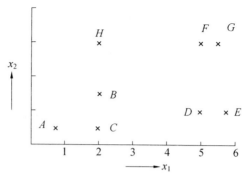

图 9.9　8 个二维点

$\{A,B,C,H\}$ 并不能够很方便地划分为两簇;它可能更易于进行三元划分。

在分裂 $\{D,E,F,G\}$ 之后,树状图相应层上的 3 簇为 $\{A,B,C,H\}$、$\{D,E\}$ 和 $\{F,G\}$。

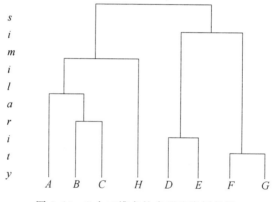

图 9.10　8 个二维点的多型聚类树状图

在下一层,将簇 $\{A,B,C,H\}$ 分割为 $\{A,B,C\}$ 和 $\{H\}$,并且在随后的层中,簇 $\{A,B,C\}$ 分为两簇 $\{A\}$ 和 $\{B,C\}$。现在得到 5 簇 $\{A\}$、$\{B,C\}$、$\{H\}$、$\{D,E\}$ 和 $\{F,G\}$。类此地,树状图在接下来的层内描述了含有 6、7、8 个数据簇的划分。可以看出,在最后一层,每一簇内只有一个点,这样的簇为单点簇。

为了获得大小为 n 的簇的最优二元划分,要考虑 2^n-1 个二元划分,并选出它们中最优的一个;因此,需要 $O(2^n)$ 的运算量来产生所有的二元划分,并选出其中最优的一个。

可以一次使用一个特征来划分给定的数集。在这种情况下,给定一个特征方向,数据根据沿着特征方向的投影值的差距划分为两簇。数集一点上分裂为两部分,这一点是在数据的特征数值中找出的最大差距均值相对应的点。这些簇再利用剩下的特征进行进一步划分。

【例 9.7】　单一聚类如图 9.11 所示。

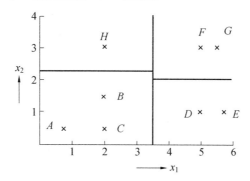

图 9.11　单一分裂层次聚类

这里有 8 个二维样本。x_1 和 x_2 用来描述这些样本的两个特征。选取特征 x_1,数据被划分为两簇,依据的是在 x_1 方向上两个连续样本最大的样本间隔。如果按照递增的顺序考虑样本的 x_1 值,则有

$$A:0.5 \quad B:2 \quad H:2 \quad C:2 \quad D:5 \quad F:5 \quad G:5.5 \text{ 和 } E:5.75$$

因此,最大样本间隔在 C 和 D 之间,为 3 个单位。选出 2 和 5 的中间点 3.5,并利用它将数据分为两簇。它们是

$$C_1 = \{A,B,C,H\}, \quad C_2 = \{D,E,F,G\}$$

这些簇的每一簇根据 x_2 的数值进一步分解为两簇;再次分解时,依据 x_2 方向上相邻两个样本之间的最大间隔,依据 x_2 值对 C_1 样本进行排序,得到

$$A:0.5, \quad C:0.5, \quad B:1.5 \text{ 和 } H:3.0$$

这里最大的间隔在 B 和 H 之间,为 1.5 个单位。因此,通过在特征维度 x_2 的中间点(2.25)分解 C_1,可以得到两簇

$$C_{11} = \{H\}, \quad C_{12} = \{A,B,C\}$$

类似地,通过利用 x_2 的值 2 分解 C_2,可以得到

$$C_{21} = \{F,G\}, \quad C_{22} = \{D,E\}$$

这种方法的主要问题是在最差的情况下,原始数据集通过考虑所有的 d 个特征被分解为 2^d 个簇。簇的数量可能多到无法接受,所以需要一个额外的"归并"阶段。在这一阶段,依据两簇之间的一些概念上的相近选取一对簇,并把它们归并为一簇。重复这一步骤,直到簇的数量达到要求。有

很多不同的方法来描述一对簇之间的近似。经常使用的描述方法是两簇之间的质心距离。

将数据中的 n 个元素进行排序,并找出在每个特征方向上的最大样本间隔的时间复杂度为 $O(n\log n)$,当有 d 个特征需要考虑时,复杂度为 $O(dn\log n)$。因此在 d 和 n 的数值比较大时,这种方法是不可行的。

9.3.2 合并式分级聚类算法

通常,合成聚类算法按如下步骤进行。

第一步:计算所有样本对之间的相似与相异矩阵。初始化使得每个簇包含一个不同的样本。

第二步:找出距离最近的簇并归并它们。修正近似性矩阵来反映归并。

第三步:如果所有样本在一簇中,那么终止。否则,进入第二步。

注意到,当有 n 个样本在给定集合中时,上面算法的步骤需要 $O(n^2)$ 的时间去计算成对的相似点,并且需要 $O(n^2)$ 的空间去存储这些值(详见练习 12)。有多种方法来存储相似度矩阵。一种方法是将矩阵放置在主存储器中或一张磁盘上。另一种方法是只存储样本并根据需要计算相似度值。前者需要更大的空间,后者需要更多的时间。

有很多方法来实现第二步。在单链路算法中,两簇 C_1 和 C_2 的距离是距离 $d(X,Y)$ 的最小值,其中 $X \in C_1, Y \in C_2$。在全链路算法中,两簇 C_1 和 C_2 的距离是距离 $d(X,Y)$ 的最大值,其中 $X \in C_1, Y \in C_2$。

【例 9.8】 单链路算法可以用如图 9.9 所示的数据来解释。如图 9.12 所示为与单链路算法相对应的树状图。

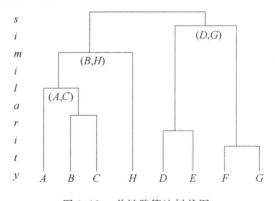

图 9.12　单链路算法树状图

注意到开始时有 8 簇,其中每一簇都有一个元素。表 9.9 中给出利用城区距离或 Manhattan 距离的距离矩阵。

表 9.9　矩阵中第 ij 个输入为 X_i 和 X_j 之间的城市住区距离。它被定义为 $d(X_i, X_j) = \sum_{i=1}^{l} |X_{il} - X_{jl}|$,其中 l 为维数,这里 $l = 2$

	A	B	C	D	E	F	G	H
A	0	2.5	1.5	5	5.75	7	7.5	4
B	2.5	0	1.0	3.5	4.25	4.5	5	1.5
C	1.5	1	0	3.5	4.25	5.5	6	2.5
D	5	3.5	3.5	0	0.75	2	2.5	5
E	5.75	4.25	4.25	0.75	0	2.75	2.25	5.75
F	7	4.5	5.5	2	2.75	0	0.5	3
G	7.5	5	6	2.5	2.5	0.5	0	3.5
H	4	1.5	2.5	2.5	5.75	3	3.5	0

由于簇 $\{F\}$ 和 $\{G\}$ 为距离最近的两簇,距离为 0.5 个单位。它们被合并为一簇,从而成为包含 7 簇的分区。$\{F\}$ 和 $\{G\}$ 合并为一簇,更新后的矩阵见表 9.10。

表 9.10　经过合并后的相似度矩阵

	A	B	C	D	E	F,G	H
A	0	2.5	1.5	5	5.75	7	4
B	2.5	0	1.0	3.5	4.25	4.5	1.5
C	1.5	1	0	3.5	4.25	5.5	2.5
D	5	3.5	3.5	0	0.75	2	5
E	5.75	4.25	4.25	0.75	0	2.25	5.75
F,G	7	4.5	5.5	2	2.75	0	3
H	4	1.5	2.5	2.5	5.75	3	0

簇 $\{D\}$ 和 $\{E\}$ 距离为 0.75,距离第二近,它们接下来被合并。类似地,$\{B\}$ 和 $\{C\}$ 在接下来被合并。然后包含 $\{B\}$ 和 $\{C\}$ 的簇与 $\{A\}$ 合并为一簇。合并后再与 $\{H\}$ 合并为一簇。簇 $\{D, E\}$ 与簇 $\{F, G\}$ 合并。在这一阶段有两簇。当簇达到所要求的数量时,合并过程可以停止。图 9.12 的树

状图显示了各层次的簇合并。这里簇$\{A\}$和$\{B,C\}$的合并根据A和C之间的相近性。类似地$\{A,B,C\}$和$\{H\}$的合并依据B和H之间的距离。

应用如图 9.9 所示的全链路算法,由全链路算法产生的树状图如图 9.13 所示。这里簇$\{A\}$和$\{B,C\}$之间的合并依据A和B的近似度。类似地,$\{A,B,C\}$和$\{H\}$的合并依据A和H间的距离。

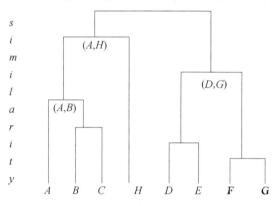

图 9.13 全链路算法树状图

容易发现,全链路算法产生简化簇是由于簇中的每个元素都与簇中的其他元素相联系。另一方面,单链路算法(SLA)表示了簇中一个样本的存在特性,依据簇中的最近邻距离。一个好的方面是单链路算法非常灵活通用,可以产生多种不同形状的簇。例如,单链路算法可以产生如图 9.14 所示的二元划分数集。注意到这是两个同心簇。

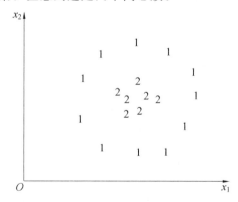

图 9.14 同心簇

分层聚类算法计算开销很大。聚合算法需要计算和存储相似与非相似矩阵的数值,需要$O(n^2)$的时间与空间需求。它们可以应用在数百个样本需要分簇的情况下。由于时间和空间上的非线性需求,当数集很大时这些方法就不可行。很难实现一个对应于 1 000 个样本的树状图。类似地,分裂算法需要指数时间来分析样本数量或特征数量。因此它们没有很好的扩展性以处理上百万个样本。

9.4 划分聚类方法

划分聚类算法对数据进行硬划分或软划分。最常用的算法为 k 均值算法。

9.4.1 k 均值划分聚类算法

k 均值算法的描述如下给出:

第一步:选取 n 个样本中的 k 个作为初始的簇中心。将剩下的 $n-k$ 个样本分配到 k 个簇中;每个样本被分配到与它最近的簇中。

第二步:根据当前的样本分配计算簇中心。

第三步:将 n 个样本的每一个分配到与其最近的簇。

第四步:如果在两次迭代期间没有对样本分配的改变,那么终止迭代。否则,进入第二步。

【例 9.9】 k 均值算法可以用如图 9.15 和 9.16 所示的 7 点的二维数集来阐释。

每一幅图中都使用了相同的点。在每种情况下,它们被分簇产生三元划分($k=3$)。样本坐标为 $A=(1,1)$,$B=(1,2)$,$C=(2,2)$,$D=(6,2)$,$E=(7,2)$,$F=(6,6)$,$G=(7,6)$。如图 9.15 所示,如果 A、D 和 F 被选作初始中心,簇 1 有(1,1)作为它的簇中心,簇 2 的中心为(6,2),簇 3 的簇中心为(6,6)。样本 B、C、E、G 被分配至与其最近的簇。B、C 被分配到簇 1;E 被分配到簇 2;G 被分配到簇 3。簇 1 新的簇中心为簇 1 中样本的均值(A、B、C 的均值),为(1.33,1.66)。簇 2 的簇中心为(6.5,4)。簇 3 的簇中心为(6.5,6)。再一次依据各样本与簇中心的距离将样本分配至与其最近的簇中。现在 A、B、C 被分配至簇 1;D、E 被分配至簇 2;F、G 被分配至簇 3。由于已形成的簇没有发生变化,这便是最终的簇集合。

这里产生了看上去令人满意的 3 簇划分 $\{A,B,C\}$、$\{D,E\}$ 和 $\{F,G\}$。另一方面,以 A、B、C 为初始中心,最终得到了如图 9.16 所示的划分,两簇中有较小的方差,在第三簇中有较大的方差。注意到在图 9.15 所示的划分中每一簇的方差是可以接受的。

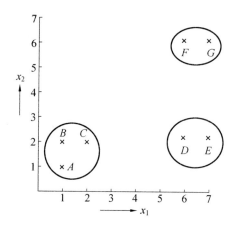

图 9.15　当 A、D 和 F 为初始均值时的最优划分

k 均值算法的一个重要特点是它尽可能地将样本与簇中心的绝对偏差的平方和降低到最小。更严格来说,如果 C_i 为第 i 簇,μ_i 为其簇中心,那么最小值的准则函数为

$$\sum_{i=1}^{k} \sum_{x \in C_i} (x - \mu_i)^t (x - \mu_i)$$

在关于聚类的文献中,它被称作平方和误差准则、组内平方和误差或简称为平方误差准则。注意到对于如图 9.15 的划分其函数值为 2.44,按图 9.16 划分其值为 17.5。这说明 k 均值算法没有保证整体上的最优划分。一种常用的方法是初始选择 k 个中心并且保证它们之间离得足够远,这种方法在实践中效果很好。例如,如图 9.15 所示的选择就是一个例子。注意到选择 A、E、G 作为初始中心产生了与如图 9.15 所示的相同的划分。

该算法的时间复杂度为 $O(nkdl)$,其中 l 为迭代次数,d 为维度。空间需求为 $O(kd)$。这些特点使得该算法十分引人注目。这是在各种应用中最为常用的算法之一。某一些应用需要大容量数据,例如,卫星图像数据。当簇为超球面时最好采用 k 均值算法。如果划分存在非球面簇,它不会产生预期划分,例如,如图 9.14 所示的同心簇。即使当簇为球面时,也可能无法找到整体最优划分,如图 9.16 所示。目前已经采取很多方案来寻找对应于平方误差准则最小值的全局最优划分。在下一节将对其进行讨论。

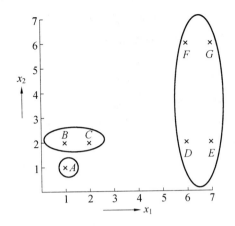

图 9.16 当 A、B、C 为初始均值时的非最优划分

9.4.2 软划分聚类算法

传统的 k 均值算法采用胜者全得策略(即只把样本分配给获胜的一簇)并产生一个硬划分。产生局部最优解的重要原因是作为初始簇中心的选取性能不佳。文献中提供的一些解决方案如下:

(1) 利用分割和归并的策略。在这里,利用 k 均值算法产生的簇被认为是可以分割和归并的。如果一簇的样本方差超过了用户定义的阈值 T_v,那么簇可以通过选择簇中最不相似的一对模式分裂为两簇作为初始种子。同样地,如果两簇的距离不超过阈值距离,那么它们归并为一簇。这种分裂和归并策略常用在 ISODATA 技术中。注意到使用合适的 T_v 和 T_d 值可以由图 9.16 所示的划分产生如图 9.15 所示的最优划分。

这可以通过基于方差超过用户定义阈值来选择簇 $\{D, E, F, G\}$ 进行分裂来实现。通过选择 D 或 E 或 F 或 G 来作为初始质心,得到两簇 $\{D, E\}$ 和 $\{F, G\}$。由于 A 和 $\{B, C\}$ 簇的质心距离不超过用户定义阈值 T_d,选择簇 $\{A\}$ 和 $\{B, C\}$ 进行归并,最后将产生如图 9.15 所示的划分。

然而,实现这一算法的难点在于对合适的 T_v 和 T_d 值进行估计(参考练习 16)。

(2) 使用软竞争学习策略。例如,利用胜者得最多方法而不是胜者全得。这就意味着除了距离给定模式最近的中心,其他相邻的中心也跟着受到影响。该模式对这些质心有不同程度的影响。距离最近的质心受影响程度最高。这种方法减少了对初始化的依赖性。它可通过下列软聚类方法来实现。

① 模糊聚类。这里,每一个模式依据成员的值被分配给不同的簇。成员的值通过该模式和与其对应的簇质心来计算。

② 粗聚类。这里假设每一簇都有一个非重叠部分和一个重叠部分。非重叠部分的样本只属于该簇,重叠部分样本属于两个或更多的簇。

③ 基于聚类的神经网络。这里,使用软竞争学习来获得一个软划分。

(3) 利用随机搜索技术。它们确保簇通过似然方法汇集到一个全局最优划分上。在聚类中最常用的技术有:

① 退火算法。这里,对当前结果进行随机修正并得到一个概率性的值作为结果。如果这个结果好于当前结果则接受,否则按一定概率接受。

② 禁忌搜索。不同于退火算法的是,它存储多于一个的结果并扰乱当前结果寻找下一个结构。

③ 进化算法。这里解集被保持。除了个体适应值之外,它还利用基于变异解之间相互影响的随机搜索产生下一个种群。进化搜索和进化规划是这种算法的两个不同方案。这些算法都被用来解决最优聚类问题。

9.5 大规模数据集合的聚类方法

一种描述大数集的方法是给当前模式和特征的数量设定边界。例如,当一个数集拥有超过数十亿的样本和超过数百万的特征时,该样本是巨大的。然而,这样一种描述不会被普遍接受;进一步地说,这种描述方法会随着技术的发展而改变。因此最好找到一个实用的描述。如果一个数集大小不适合于运算它的机器的主存,那么它就是个大数集。此时,数据需要储存在辅助存储器中,根据需要将其调用到主存中。访问辅助存储空间要比访问主存慢若干个速度等级。这种假设基于多种数据采集任务的设计,其中大数集按惯例处理。因此,两种算法可能有相同的时间复杂度 $O(n)$,其中 n 为簇中样本数量,但也许其中一种算法易于实现,另一种不好实现。例如,一个增量算法搜索一次数集并产生划分需要 $O(n)$ 的时间,k 均值算法需要搜索一定的次数比如 l 次数集来达到最终的划分。当 k 和 l 值固定时,KMA 的时间复杂度为 $O(n)$。因此两种算法有相同的时间复杂度。然而,如果 l 的值为 100,那么 KMA 算法需要搜索数集 100 次,而增量算法只需要搜索数集一次。因此,在大数集的情况下,KMA 算法可能不会在可接受的时间内产生划分,然而增量算法却能做到。

上述讨论启发我们利用数集浏览次数作为参数来评估聚类算法在大数集上的表现。在本章,利用数集浏览次数来比较聚类算法的实际表现。

同时,还要利用 O 表示法在可用性角度排除一些算法:

① 具有非线性时间和空间复杂度的算法不可行。

② 即使在时间与空间上都是线性的算法也可能不可行。它们随着数集浏览次数的增加趋于不可行。

9.5.1 可能的解决方法

下列解决方法已经在文献中提到。

(1)利用增量聚类算法。这种算法根据已存在的簇代表和一些阈值参数来对一个新样本归类。它不重新考虑之前的样本。因此,它通过对单一数集的搜索产生簇代表。在下一部分将要提到的 Leader 算法,利用了增量聚类策略。可以在离线(整个数集开始就可以获得)和在线(数据逐步可获得)应用中利用增量聚类算法。

(2)产生并利用中间级抽象。这里,数据从磁盘转移并产生数据的抽象。这种抽象用于数据的聚类。该抽象可以通过逐步或非逐步的审查数据来产生。

① 逐步产生中间级代表。搜索数集一到两次并构筑一个代表,其相比于初始数据占用更少的空间。由此产生的代表可以适合于主存。利用这个代表代替数据进行聚类。

② 非渐进地产生中间级抽象并利用它进行聚类。常用的策略是分治算法。每次将一部分数据调入主存,并对主存中的数据聚类。储存簇代表,根据磁盘上整个数据的大小以及每次调入主存的数据大小重复这一步骤。这是一个双层算法。根据数据和主存大小也可能使用多层次分治算法。

将在下两个子节中讨论这些方法。

9.5.2 增量聚类方法

增量聚类算法是基于这样一种假设 —— 一次可以考虑所有样本并将它们分配给已存在的簇。一个新的数据项被分配给一簇并且对已存在的簇没有显著的影响。典型的增量算法的详细描述如下:

一种增量算法(Leader 算法)

第一步:将第一个数据项 P_1 分配给 C_1,令 $i=1,j=1$ 并令领导 L_i 为 P_j。

第二步:令 $j=j+1$。按照 C_1 到 C_i 标号递增的顺序考虑 C_1 到 C_i。如果 L_m 和 P_j 之间的距离不超过用户定义距离 T,则将 P_j 分配给簇 C_m;如果没有簇集满足这一性质,令 $i = i+1$ 并将 P_j 分配给新的一簇 C_i。令领导 L_i 为 P_j。

第三步:重复第二步直到所有数据项都分配至簇中。

上述增量算法也称 Leader 算法,它的一个重要特征是它只需要一次数据库浏览。更进一步地说,它只需要在主存中存储簇代表。因此,它有最佳的时间和空间复杂度。

顺序独立是聚类算法的一个重要属性。如果在数据以任何顺序出现的情况下它都能生成相同的划分,那么这个算法是顺序独立算法。

【例 9.10】　考虑图 9.15 给出的数据。如果按照 A、B、C、D、E、F、G 的顺序处理数据,并且阈值 T 为 3,A 分配至 C_1,A 为 C_1 的簇头。然后将 B 和 C 分配给 C_1,由于 B 和 C 与 A 之间的距离不超过阈值 3。D 分配至新的一簇 C_2 并且 D 为这一簇的簇头。E 分配给簇 2。F 与 A 的距离为 7.07,与 D 之间的距离为 4。这些距离都在阈值之上,因此 F 置入新的一簇 C_3 并成为该簇的簇头。G 分配至 C_3。

可以看出如果数据按照不同的顺序进行处理,簇头也会不同,甚至簇也会发生改变。如果 C 出现在 A 和 B 之前,那么 C 为 C_1 的簇头。如果 D 出现在 C 之前,并且 C 和 D 之间的距离不超过阈值,那么 D 归属于 C_1 中。如果 A 为簇头,这些便不会发生。因此 Leader 算法是具有顺序依赖性的。

9.5.3　分治方法

对大数据进行聚类的一个主要困难是无法将整个数集存入主存。一个很自然的解决方法是每次只考虑一部分数集并将相应的簇代表存入主存。特别地,如果已经将大小为 $n \times d$ 的数据存入辅助存储器中。将这些数据分为 p 个部分,其中 p 的最优值可以基于所用到的算法来选取。将这些数据块的每一块移入主存并使用标准的聚类算法将它们归类到 k 个簇中。如果用代表量来代表每一个簇集,对应于所有的 p 个数据块将有 pk 个代表量。这 pk 个代表量被分簇到 k 个簇中,代表样本的簇标签被用来重新标注最初的样本矩阵。该双层次算法如图 9.17 所示。

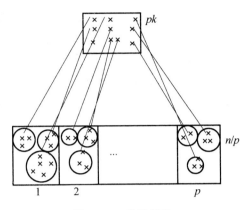

图 9.17 分治算法

【**例 9.11**】 本例用作说明目的。一般来说,分治算法只用来针对大数据集的情况。考虑样本集

$X_1 = (1,1)$;$X_2 = (2,1)$;$X_3 = (1,1.5)$;$X_4 = (1,2)$;

$X_5 = (1,3)$;$X_6 = (2,3)$;$X_7 = (2,2)$;$X_8 = (3,2)$;

$X_9 = (4,1)$;$X_{10} = (5,1)$;$X_{11} = (5,2)$;$X_{12} = (6,1)$;

$X_{13} = (6,2)$;$X_{14} = (6,3)$;$X_{15} = (5,3)$;$X_{16} = (5,3.5)$;

$X_{17} = (4,4)$;$X_{18} = (5,4)$;$X_{19} = (4,5)$;$X_{20} = (6,4)$;

$X_{21} = (5,5)$;$X_{22} = (6,5)$;$X_{23} = (5,6)$;$X_{24} = (6,6)$

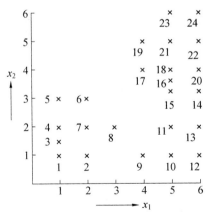

图 9.18 分治策略样例数集

如图 9.18 所示,如果集合中样本 1 到 8 被视为一个区,9 到 16 作为第二区,剩下的 17 到 24 作为第三区。每个区都需要被单独地聚类。在第一区,包含有三簇。第一簇包含有样本 1、2 和 3,其质心为 $C_1 = \{1.33, 1.77\}$;

第二簇包含样本 4、5 和 6,其质心为 $C_2 = \{1.33, 2.67\}$;第三簇包含样本 7
和 8,其质心为 $C_3 = \{2.5, 2\}$。在第二区,包含三簇。第一簇包含样本 9、10
和 11,其质心为 $C_4 = \{4.67, 1.33\}$;第二簇包含样本 12、13、14,其质心为
$C_5 = \{6, 2\}$;第三簇包含样本 15、16,其质心为 $C_6 = \{5, 3.25\}$。在第三区,
包含三簇。第一簇包含样本 17、18、19,其质心为 $C_7 = \{4.33, 4.33\}$;第二
簇包含样本 20、21、22,其质心为 $C_8 = \{5.66, 4.66\}$;第三簇包含样本 23 和
24,其质心为 $C_9 = \{5.5, 6\}$。

　　这 9 个算得的质心,形成了在下一层次需要聚类的样本。这些第二层
次需要聚类的样本如图 9.19 所示。根据第二层次完成的聚类,第一层次
的样本同样被标记为属于其质心所属的那一簇。如果 C_1、C_2 和 C_3 聚类到
一起形成簇 1,C_4 和 C_5 聚类到一起形成簇 2,C_6、C_7、C_8、C_9 聚类到一起形成
簇 3,那么样本 1、2、3、4、5、6、7、8 将在簇 1 中,样本 9、10、11、12、13、14 在簇
2 中,样本 15、16、17、18、19、20、21、22、23、24 在簇 3 中。

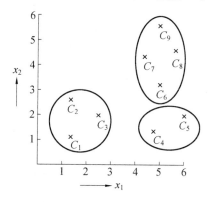

图 9.19　在第二层次利用分治策略实行的聚类

可以将这种方法以不同的方式推广。它们中的一部分如下列出:

　　① 多层分治算法可以用在层次数大于 2 的地方。如果数集尺寸很大
主存很小,则需要更多的层次。

　　② 质心可以作为任一层次上的代表。

　　③ 可以在不同的层次上使用不同的聚类算法。这种观点衍生出了混
合聚类方法。可以在第一层次使用 k 原型算法并获得代表。这是一种混
合方法,要在第一层次使用有效率的计算方法进行数据压缩,得到的质心
集还要利用多功能算法聚类,例如单链路算法。虽然单链路算法开销很
大,在这种情况下,需要只对第一层代表聚类而不是整个数集。具体过程
如图 9.20 所示。

如前所述,用一簇点的质心来代表一簇点有助于数据的压缩,簇代表可以用来进一步聚类或作为分类的原型。

用质心来代表一簇是最常用的一种方法。当簇是紧凑的或是同方向的时,它会效果很好。然而,当簇是细长的或是非同方向性的时,用质心很难恰当地代表它们。如图 9.21 所示。图 9.21(a) 给出了具有相同质心的两簇。图 9.21(b) 给出了链状簇,其质心并不能很好地代表簇。基于质心的算法在此时便不具有鲁棒性。

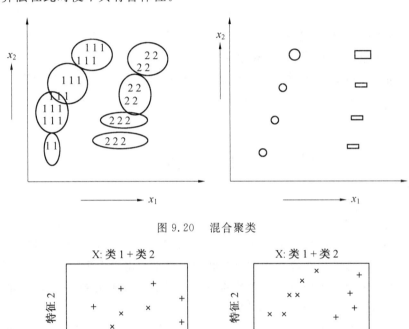

图 9.20　混合聚类

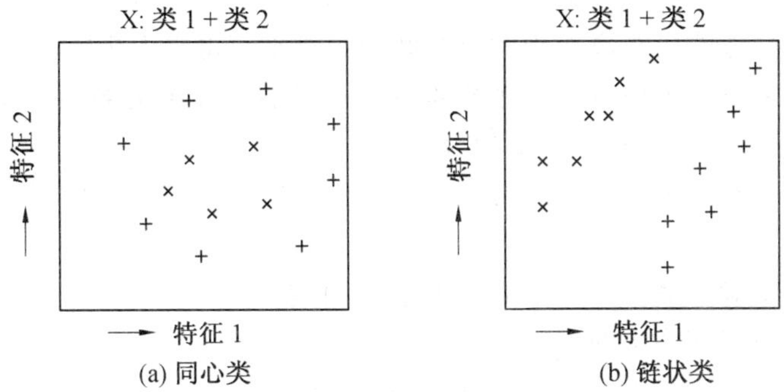

图 9.21　数据具有同心和链状类

问 题 讨 论

聚类是模式识别中的一个重要工具。它本身不是一个最终结果,但是它在很多做决策的情况下都很有用。聚类可以视为一种压缩工具;它产生了一种数据抽象,与原始数据相比,处理抽象数据通常变得更容易。在本章,阐述了聚类的重要步骤,并解释了几种常用的聚类算法。

延伸阅读材料

Duda 等人(2000)探讨了聚类技术。Jain 等人(1999)对不同聚类算法做了回顾。Filippone 等人(2008)对一些聚类算法做了综述。Bagirov(2008)、Chang(2009)、Liu(2009)、Lughofer(2008) 和 Sparh(1980)等人讨论了用于聚类的 k 均值算法。

Asharaf 和 Murty(2003)、Bicego 和 Figueiredo(2009)、Wu 和 Yang(2002)论述了使用模糊和粗糙集技术的聚类方法。Xiong 和 Yeung(2004)讨论了时间序列数据。一些其他关于聚类的报告由 Chan 等人(2004)、Dougherty 和 Brun(2004)、Xiang 等人(2008)、Yousri 等人(2009)撰写。

习 题

1. 考虑下列 10 个样本

$X_1 = (1,1), X_2 = (6,1), X_3 = (2,1), X_4 = (6,7), X_5 = (1,2)$
$X_6 = (7,1), X_7 = (7,7), X_8 = (2,2), X_9 = (6,2), X_{10} = (7,6)$

利用平方欧氏距离作为两点之间的距离来获得距离矩阵。

2. 如果有一个包含有 n 个样本的集合并且需要对这些样本进行聚类形成两簇,试问会进行多少次划分?

3. 证明利用表 9.3 中所有的 4 个对象类型,最多有 16 个谓词,列举出它们。

4. 证明对于例 9.2 所示的 5 点聚类,中心点 m 为(1.6,1.4)。

5. 证明例 9.2 中的中心点 m^2 为(2,2)。

6. 考虑例 9.7 中如图 9.11 所示的 8 个样本,求对于集合$\{A,B,C,H\}$的最优三元划分。

7. 利用单生聚类算法考虑如图 9.11 所示的 8 样本分层聚类。并求出对应的树状图。

8. 证明在最差的情况下,利用单一分层聚类算法可以将一个含有 n 个 $d-$维样本的数集划分为 $2^d(n > 2^d)$ 个簇。

9. 证明利用单一聚类算法,对 n 个 d 维样本聚类需要 $O(dn\log n)$ 的工作量才能获得具有最大样本间隔的特征方向。这里需要对每个 d 维样本进行排序。找出每个维度的最大样本间隔，并从这 d 个间隔中找出最大的。

10.考虑一个二维样本集合

$(1，1)，(1，2)，(2，1)，(2，1.5)，(3，2)，(4，1.5)，(4，2)，(5，1.5)，$
　　$(4.5，2)，(4，4)，(4.5，4)，(4.5，5)，(4，5)，(5，5)$

利用单一和多元聚类，单链路和全链路聚类算法获得

(a) 3 簇。

(b) 4 簇。

11.考虑如下给出的二维数据集

$(3，3)，(3，4)，(4，3)，(4，4)，(1，2)，(1，3)，(1，4)，(1，5)，$
$(2，6)，(3，7)，(4，7)，(5，7)，(6，6)，(7，5)，(7，4)，(7，3)，(7，2)，$
$(6，1)，(5，1)，(4，1)，(3，1)，(2，1)$

利用单链路算法和全链路算法将这些点划分为两簇。并讨论用这些算法是否获得了相同的二元划分。能从中获得什么启示？

12.证明计算带有 n 个样本的距离矩阵需要 $\dfrac{n(n-1)}{2}$ 的时间来计算并储存这些值。可以假设距离函数是对称的，即 $d(i，j)=d(j，i)$。

13.对练习 10 中的样本采用 k 均值算法。其中

(a)$k=3$。

(b)$k=4$。

14. 考虑三维样本：$(1，1，1)(1，2，1)(1，1，2)(6，6，1)(6，7，1)(7，6，1)$。利用 $k=2$ 的 k 均值算法求得这些样本的二元划分。其中误差和准则值是多少？

15.考虑二维样本集

$(1，1，1)，(1，2，1)，(2，1，1)，(2，1.5，1)，(3，2，1)，(4，1.5，2)，(4，2，2)，(5，1.5，2)，(4.5，2，2)，(4，4，3)，(4.5，4，3)，(4.5，5，3)，(4，5，3)，(5，5，3)$

其中每个样本用特征 1、特征 2 和类别表示。找出每一类的质心和中心点。

16.考虑例 9.9 给出的数据以及 9.3.2 节给出的基于 T_v 和 T_d 的分裂和归并 k 均值聚类。对例 9.9 中的数据给出恰当的 T_v 和 T_d 值，以从如图 9.16 所示的划分中获得图 9.15 所示的聚类。

17.对练习 2 中的样本采用增量聚类算法，探究不同阈值的作用。

18.举例说明顺序独立的 Leader 算法。

19. 举例说明一簇的质心不一定是它的最佳代表。

上 机 练 习

1. 对例 9.1 中所提供的数据进行聚类,其中平方欧氏距离的阈值为 5 个单位。设计一个算法并利用它产生一个例子中所示的三元划分。

2. 对簇代表代替初始数据点采用 NN 算法。对例 9.3 中标注的 16 个样本,用之前练习中的代码对它们进行聚类以得到 4 个簇代表。比较对所有的 16 个测试样本进行分类所花的时间和只对 4 个簇中心分类时所花的时间。利用 80 个测试样本,其中 40 个从 range-box 的 (1,1) 到 (2,6)(目的是样本的 x_1 值在 1 和 2 之间,样本的 x_2 值在 1 和 6 之间),剩余的 40 个样本选自 range-box 的 (6,1) 到 (7,7)。

3. 利用例 9.11 中给出的数据执行单链路算法,记录计算距离矩阵并产生聚类所用的时间。

4. 执行 k 均值算法探究初始种子的选取对 k 划分的影响。可以以例 9.9 中的数据为例。

5. 通过对练习 11 所示的数据集运行前两个练习所写的代码,比较单链路算法和 k 均值算法的灵活性。

本章参考文献

[1] K. S. Al-Sultan. A Tabu search approach to the clustering problem. *Pattern Recognition* 28: 1443-1451. 1995.

[2] S. M. Asharaf. Narasimha Murty. An adaptive rough fuzzy single pass algorithm for clustering large data sets. *Pattern Recognition* 36 (12):3015-3018.

[3] Adil M. Bagirov. Modified global k-means algorithm for minimum sum-of-squares clustering problems. *Pattern Recognition* 41(10): 3192-3199. 2008

[4] Bicego, Manuele, A. T. Mario. Figueiredo. Soft clustering using weighted one-class support vector machines. *Pattern Recognition* 42 (1):27-32. 2009.

[5] Elaine Y. Chan, Wai Ki Ching, Michael K. Ng, Joshua Z. Huang. An optimization algorithm for clustering using weighted dissimilarity

measures. *Pattern Recogntion* 37(5): 943-952. 2004.

[6] Chang, Dong-Xia, Xian-Da Zhang,Chang-Wen Zheng. A genetic algorithm with gene rearrangement for *k*-means clustering. *Pattern Recognition* 42(7):1210-1222. 2009.

[7] Dougherty, R. Edward, Marcel Brun. A probablilistic theory of clustering. *Pattern Recognition* 37(5): 917-925.

[8] R. O. Duda, P. E. Hart, D. G. Stork. *Pattern Classification*. John Wiley and Sons. 2000.

[9] Filippone, Maurizio, Francesco Camastra, Francesco Masulli, Stefano Rovetta. A survey of kernel and spectral methods for clustering. *Pattern Recognition* 41(1):176-190. 2008.

[10] P. Gancarski, A. Blansche, A. Wania. Comparison between two co-evolutionary feature weighting algorithms in clustering. *Pattern Recognition* 41(3):983-994. 2008.

[11] A. K. M. Jain, Narasimha Murty, P. J. Flynn. cata Clustering:A Review. *ACM Computing Surveys* 31(3):264-329. 1999.

[12] R. W. Klein, R. C. Dubes. Experiments in projection and clustering by simulated annealing. *Pattern Recognition* 22:213-220. 1989.

[13] Likas, Aristidis, Nikos Vlassis, Jakob J. Verbeek. The global *k*-means clustering algorithm. *Pattern Recognition* 36(2): 451-461. 2003.

[14] Liu Manhua, Jiang Xudong, Alex C. Kot. A multi-prototype clustering algorithm. *Pattern Recognition* 42(5):689-698. 2009.

[15] Lughofer, Edwin. Extensions of vector quantization for incremental clustering. *Pattern Recognition* 41(3):995-1011. 2008

[16] H. Spath. *Cluster Analysis: Algorithms for Data Reduction and Classification of Objects*. West Sussex, U. K.: Ellis Horwood. 1980.

[17] Wu Kuo-Lung, Miin-Shen Yang. Alternative *c*-means clustering algorithms. *Pattern Recognition* 35(10):2267-2278. 2002.

[18] Xiang Shiming, Feiping Nie, Zhang Changshui. Learning a Mahalanobis distance metric for data clustering and classification. *Pattern Recognition* 41(12):3600-3612. 2008

[19] Xiong Yamin, Dit-Yan Yeung. Time series clustering with ARMA

mixtures. *Pattern Recognition* 37(8):1675-1689. 2004.

[20] Yousri Noha A. , Mohamed S. Karnel. Mohamed A. Ismai. A distance-relatedness dynamic model for clustering high dimensional data of arbitrary shapes and densities. *Pattern Recognition* 42(7):1193-1209. 2009.

第 10 章　本书总结

模式识别是科学活动中一项重要而又成熟的领域。模式分类和聚类是模式识别的两项重要活动。在前面的章节已经详细讨论了几种分类和聚类算法。重点是利用一个算法阐述概念。这种方法应用在现实生活中是很有用的。本书省去了一些理论的细节，但提供了几个简单的例子来帮助读者理解概念。

模式识别的最重要的一步是模式和类的表示。本书对这部分内容进行了详尽而又容易理解的阐述。之后考虑特定的识别算法。很重要的一点是，在任何域中都没有模式表示的一般理论。然而，一个好的表示方法有助于产生更好的分类器。不过，以往的文献中，并没有强调这一步的重要性。本书试图收集一些方面并构建它们，鼓励读者领会其中的困难。

最近邻分类器在文献中是最常见的，因为它们对人和机器来说都非常简单（非学习）同时又是健壮的。由于这个原因，本书已经对它做了详细介绍。与它们相关联的一个主要的困难是分类时间。最近邻分类器没有设计时间；然而，分类（测试）时间与训练模式数呈线性关系。为了改善这种情况，一些有效的预处理方案已经在文献中提到。它们使用缩减数据集或数据结构和相关的高效算法来找到最近的邻居。本书已经对几种有效的算法进行了讨论。

贝叶斯分类器对于这些需要最优分类的模式来说是一个最好的答案。它有一个很明显的概率和统计理论特征。然而，估计相关的概率分布在实践中是一个艰巨的任务。朴素贝叶斯分类器是一种有效的实现方法。本书已经用几个合适的例子讨论贝叶斯分类器和朴素贝叶斯分类器，来说明这一概念。

隐式马尔可夫模型（HMM）在语音和说话人识别中是很重要的，因为它们非常适合于进行模式的分类，其中每个模式视为一个子模式的序列或状态序列。本书试图用简单的例子解释 HMM 来说明这些概念。本书还对使用隐式马尔可夫模型进行模式分类进行了讨论。

决策树对于编程人员和管理层（决策者）是友好的数据结构。它们经常用于模式分类和数据挖掘。决策树可以处理数值和分类功能。本书讲解了基于细节分类的轴平行决策树并给出了适当的例子。还有其他类别的决策树包括斜决策树。它们计算复杂,但本书对它们进行了简短的介绍,感兴趣的读者可以查找文献获取更多的细节。

基于线性判别函数的分类器在模式识别的最新发展中发挥了重要作用。感知器是最早的分类器,研究者在理论和实际的角度对其进行了大量研究。它引领了人工神经网络的发展,特别是多层感知器。在这个领域的一个新近成果是支持向量机(SVM)。支持向量机可以很容易确定为在过去的十年里最成功的和常用的分类器。因为向量机的出现,统计模式识别获得了显著突出的地位。本书已用合适的例子对这些算法加以讨论。

模式识别的另一个突出的方向是使用多于一个的分类器来决定测试模式的分类标签。有几个可能的分类器结合方案。这里一个重要的贡献是 ADABOOST 算法。本书介绍了实施组合分类器的不同方案。

聚类是识别的一种重要的工具。即使它本身被作为末端产品来研究,在实际中它并非总是如此。通常情况下,聚类的结果对进一步决策是有用的。在这样一个背景下,集群可以作为一个抽象生成工具,例如训练数据的预处理可降低它的大小。聚类的分层和分区方案形成二分法的不同方法,本书对这两种类别进行了详细讨论。

大多数重要的分类和聚类算法已经在本书中进行了讨论。此外,读者也可以受益于每章结尾合适的参考文献。

第 11 章　应用实例:手写数字识别

本章给出在数字识别问题中进行模式分类的一个实例。有 10 个类别,对应手写数字"0"到"9"。数据集包含 6 670 个训练模式和 3 333 个测试模式。对这个数据集使用最近邻(NN)算法和改进的 k 最近邻(MkNN)算法,对测试模式进行分类并报告分类精度。

为了克服在如此大的数据集上使用近邻算法的难题,首先将数据集进行压缩。对数据使用了 $k-$means 算法(KMA)与模糊 c 中值算法(FC-MA),集群中所有模式的质心被用作代表集群中所有模式的原型。精简的数据集用于获得测试集的分类精度。使用 MCNN 算法和 CNN 算法来实现训练模式的凝聚。精简的数据集用于获得测试数据的分类准确性。尽管当前应用程序处理的是数字识别的问题,但该模式识别应用方案可以扩展到处理其他大型数据集。

11.1　数字数据的描述

每个原始数字模式是一个 32×24 像素大小的二进制图像。因此,原模式的维数是 768(32×24)。考虑到计算资源,将数据集的维数减少如下。整个图像上形成了大小 2×2 的非重叠窗口,每个窗口被替换为一个特征值,该特征值的每一位对应于窗口中比特 1 的数量。这产生了 192 个特征值,每个特征值的变化范围从 0 到 4。有 6 670(667×10)个训练模式和 3 333 个测试模式。图 11.1 给出了一些模式的训练数据集。可以看出数据的模式在数字的取向、宽度和高度方面有所不同。

为了更好地理解数据,要考虑模式的集中趋势和色散。为了做到这一点,要使用二进制模式的非零特征,表 11.1 给出了结果。

可以看出在类 0 中,模式特征值在 39 到 121 之间。大的标准偏差反映了类模式的非零特征的巨大变化。

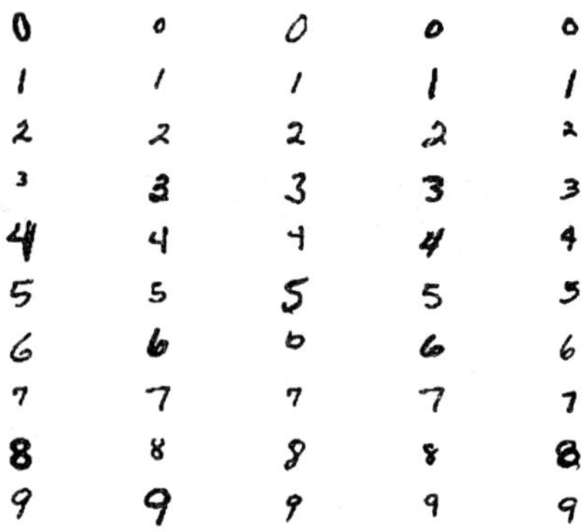

图 11.1　一个训练模式的样本集合

表 11.1　数据集的非零特征统计

分类号	每个模式的算数平均	标准偏差	所有模式的实际最小与最大
0	66.8	12.2	(39,121)
1	29.0	5.9	(16,54)
2	63.8	11.5	(34,105)
3	59.0	11.7	(27,109)
4	52.2	9.4	(26,96)
5	60.7	11.3	(31,110)
6	57.7	9.4	(35,94)
7	46.5	8.7	(26,113)
8	66.7	12.9	(36,117)
9	54.8	9.1	(31,88)

　　数据集的维度被进一步降低。在 16×12 位数据上形成大小 2×2 的非重叠窗口,每个窗口由一个特征值所代替,这个特征值对应于落在窗口内的 4 个值的总和。这将每个数字减少为 8×6 的矩阵,数值范围在 0 到 16 之间。这些值的线性映射范围从 0 到 4,每个模式共有 48 个特征值。这些减少不会明显影响字符的形状,为了克服维数问题,提高最近邻类型算法的速度,这些缩减是必要的。

11.2 数据预处理

数据预处理用来对数据进行统一并使其适合分类。

字符图像预处理有三步主要操作:(1)缩放,(2)平移,(3)旋转。前两个操作容易执行,所以它们经常用来规范图像尺寸。基于平移和缩放的预处理如下所述:

(1)平移。一个字符的最大尺寸是192(16×12)像素,(1,1)对应于字符的第一行、第一列。同样,(16,12)对应于最后一行(16 行)和最后一列(第 12 列)。所以,列坐标在 1 和 12 之间变化,行坐标在 1 到 16 变化。改变这个字符,使得其中心在水平方向上落在第六列,位于 1 和 12 的中间,中心在垂直方向上落在第八行,1 和 16 的中间。

(2)缩放。模式在垂直方向上被延伸。它被横着切开成两半。上半部分转移到第一行开始,下半部分到第 16 行结束。中间行如果是空的,则根据与它们最近的非空行填满。

11.3 分类算法

各种各样的最近邻分类器被用于数字识别的数据。测试模式的分类标签决定于一个或者更多的邻居的标签。已经使用的特定的分类器是最近邻分类器(NN),k 最近邻分类器(kNN)和改进的 k 最近邻分类器(MkNN)。这些算法已经在第 3 章中详细介绍了。

11.4 典型模式的选择

最近邻分类器性能很好。通过大量的实验发现,kNN 算法是所有统计模式分类器中最可靠的分类器。然而,它会使用整个训练数据集来获得一个测试模式的邻居。因此,它的时间复杂度为 $O(NMK)$,其中 N 是训练模式的数量,M 是测试模式的数量,K 是获得的邻居的数量。有几个之前使用过的分类器使用代表集或训练数据集的子集。这些分类器包括最小距离分类器(MDC)和凝聚近邻分类器(CNN)。这些方法在第 3 章已经详细介绍过。

获取凝聚数据集是一个费时的过程,但是一旦获得,分类相比于其他使用整个数据集的方法就会快很多。

一种方法是聚类和使用集群中心作为凝聚集的原型。常见的聚类算法是 k 均值算法(KMA)。利用模糊成员概念,使用模糊 c 均值算法(FC-MA)。

CNN 特别适合于减小数据集尺寸,但这以降低分类精度为代价。同时,CNN 是顺序依赖的。获得的压缩集会因为上述算法中训练集合出现的顺序不同而在大小和内容上有所不同。

为开发一套能理想地给出凝聚集中样本最优集的顺序独立算法,本书给出了一种即使数集顺序改变也能给出同样模式集合的方法。换句话说,这是一个顺序独立算法。这个算法便是第 3 章中描述的 MCNN 算法。

11.5 识别结果

利用基于最近邻分类器进行数字识别的相关实验已经进行了一些。两个训练集包括:(1)全部的 6 670 个训练模式,(2)通过在所有训练模式中使用 CNNC 获得的 1 715 个训练模式的凝聚集。进一步说,在每种情况下,利用两个值作为数据的维度。(1)使用之前数集所对应的 192 个特征,(2)只使用特征缩减后的 48 个特征。结果见表 11.2 和表 11.3。每种情况下的分类精度都做了计算。这是对在利用特定分类算法的情况下正确分类模式数量的测量。如果 N 个模式中有 N_1 个模式分类正确,那么分类精度为

$$CA = \frac{N_1}{N} \times 100$$

可以看出 MkNN 的性能比其他两种算法更好,利用 MkNN 对含有192 个特征的整个数集进行分类可获得最佳分类精度为 92.57%,见表11.2。

原始数据和预处理数据都用在了近邻分类器中。预处理数据给出了更好的结果。

当要求在 MDC 中,类的质心被用作训练模式时,需要如前所述对数据进行预处理。这个数据考虑使用所有 192 个特性和只使用 48 特性。使用这些数据集获得的结果见表 11.4 和表 11.5。从表中可以看出,MDC可以更好地进行数据预处理。这也是预想之中的,因为相比于原始的模式重心可以更好地代表处理过的数据。因此,只有经过预处理的数据被用来使用聚类算法 KMA 和 FCMA 获得代表(质心)。

表 11.2　利用 192 个特征的 NN 算法结果

训练模式数	NN 精确度/%	kNN 精确度/%	MkNNC 精确度/%
6 670(全部)	91.50	91.60	**92.57**
6 670(预处理)	92.17	92.50	**93.10**
1 715(精简的)	86.20	87.19	90.60

表 11.3　利用 48 个特征的 NNC 算法结果

训练模式数	NN 精确度/%	kNN 精确度/%	MkNN 精确度/%
6 670(全部)	85.00	86.20	88.18
6 670(预处理)	92.71	92.62	**93.49**
1 715(精简的)	76.33	81.55	82.84

表 11.4　利用 192 个特征的 MDC 算法的结果

训练模式数	原始数据精确度/%	预处理数据精确度/%
6 670(全部)	68.50	79.48
1 715(精简的)	68.08	80.89

表 11.5　利用 48 个特征的 MDC 算法的结果

训练模式数	原始数据精确度/%	预处理数据精确度/%
6 670(全部)	66.20	80.26
1 715(精简的)	65.92	81.55

　　KMA 和 FCMA 用来找出代表不同类的质心。对应于不同数量的质心进行了两组实验。在第一种情况下,每 667 训练模式分为 50 个簇,每个集群由数据集群的质心来代表。因此,全部 6 670 个训练模式由 500 个质心来代表,每一类 50 个质心。在第二种情况下,每个类的训练模式是由将模式分为 150 簇后的 150 个簇质心来代表。这种方法的结果是得到 10 类的 1 500 个质心对应于数字"0"到"9"。在每种情况下,聚类是使用 KMA 和 FCMA 完成的。对使用 NN、kNN 和 MkNN 在所有带有形成训练数据的质心集的测试模式的分类精度进行了计算,结果见表 11.6 和表 11.7。

　　从表 11.6 和表 11.7 可以看出,使用 KMA 来获得质心在质心数较少时的结果和使用整个训练数据的结果一样好。FCMA 相比于 KMA 则花费了大量的时间。

除了 NCC、kNN 和 MkNN 还有模糊 kNN 算法（FKNN）。利用通过 KMA 和 FCMA 获得的质心对测试数据进行分类，结果见表 11.8。

表 11.6 利用 500 个质心作为训练数据的结果

聚类算法	NN 精确度/%	kNN($k=5$)精确度/%	MkNN($k=5$)精确度/%
KMA	92.41	90.28	**93.10**
FCMA	85.39	85.15	85.72

表 11.7 利用 1 500 个质心作为训练数据的结果

聚类算法	NN 精确度/%	kNN($k=5$)精确度/%	MkNN($k=5$)精确度/%
KMA	93.00	92.83	**93.64**
FCMA	88.69	88.12	88.87

表 11.8 利用模糊 kNN 分类器的结果

聚类算法	质心数量	精确度/%
不使用算法	6 670	93.13
KMA	500	92.71
KMA	1 500	93.94
FCMA	500	85.06
FCMA	1 500	88.75

从这些结果可以看出 NN、kNN 和 MkNN 所获得的分类精度在同一数量级。

MCNN 通过寻找原形的凝聚集来表示训练集，它是一个顺序独立算法。利用 MCNN 来寻找模式集合，利用 NN 算法对这些测试数据进行分类，分类结果见表 11.9，并与 CNN 算法进行了对比。

表 11.9 使用 CNN 和 MCNN 的分类精度

算法	原型数量	NN 算法精确度/%
CNN	1 580	87.04
MCNN	1 527	88
所有模式	6 670	92

聚类的另一种方法是在第 8 章介绍的领先算法。这是一种增量算法,只对训练数集遍历一次,因此适用于储存在辅助存储设备中的大型数集。在这种方法中,阈值是固定的,簇的数量取决于该阈值。表 11.10 给出了通过使用不同的阈值得到的原型数量和分类精度。随着阈值的增加,聚类的数量减少,这将导致原型减少,分类精度随着阈值的增加而降低(即当原型的数量减少时)。

表 11.10　利用领导算法进行聚类的结果

距离阈值	原型数量	C. A. /%
5	6 149	91.24
10	5 581	91.24
15	4 399	90.40
18	3 564	90.20
20	3 057	88.03
22	2 542	87.04
25	1 892	84.88
27	1 526	81.70

问 题 讨 论

本章讨论了模式分类算法在数字识别问题上的应用。所使用的分类算法是最近邻算法和相关算法。观察了特征数量从 192 减少到 48 的分类结果。此外,也给出使用原始数据和预处理数据的结果。

也可以通过一些方法和观测结果减少训练数据。第一种方法是MDC,它利用每类的质心作为一类模式的代表,这种方法的分类精度并不高。通过 KMA 和 FCMA 获得的质心也可用来对测试模式进行分类。CNN 和 MCNN 算法用来获得压缩集,该集合用来分类。由于 MCNN 是一个顺序独立算法,因此它更好。领先算法是另一个引人瞩目的数据聚类算法。获得的簇基于所使用的阈值。已经尝试了各种不同的阈值。每一簇由簇心和领导来代表,其在 NN 算法中被作为一个原型来使用。

延伸阅读材料

Devi 和 Murty(2000)利用 NN、kNN、MkNN、CNN、FCNN、KMA 和 MDC 进行数据识别,并观察了结果。Devi 和 Mury(2002)又给出了利用 MCNN 和 CNN 进行数字数据识别的结果。

本章参考文献

[1] V. Susheela Devi,M. Narasimha Murty. An incremental prototype set building technique. *Pattern Recognition* 35:505-513. 2002

[2] V. Susheela Devi,M. Narasimha Murty. Handwritten digit recognition using soft computing tools. In *Soft Computing for Image Processing*. Edited by S. K. Pal,A. Ghosh and M. K. Kundu. Berlin: Springer. 2000.

名 词 索 引